Thorolf Hardt • Bernd Herkner • Ulrike Menz • **Safari zum Urmenschen**

senckenberg
gesellschaft für naturforschung

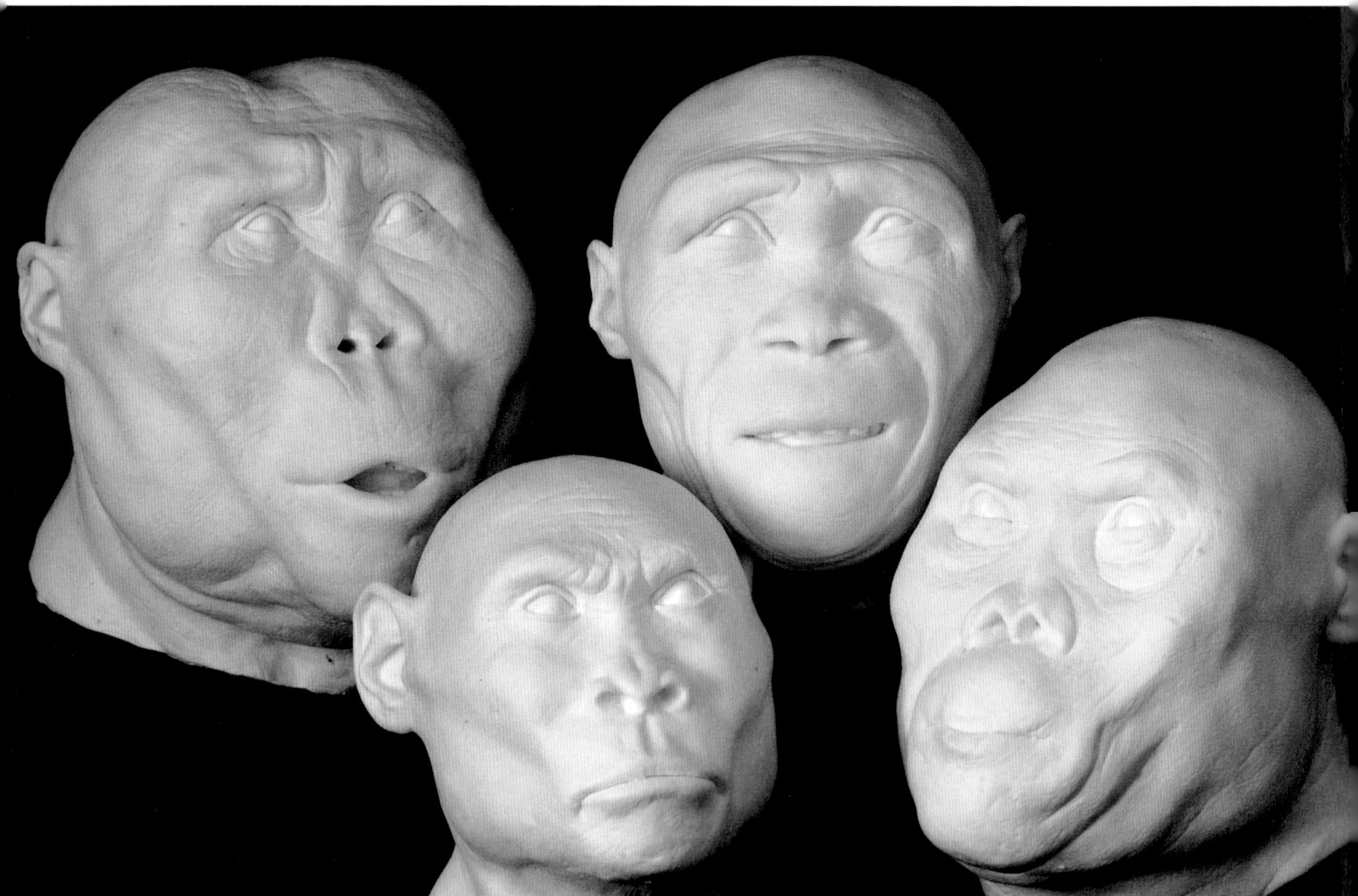

# INHALT

# GRUSSWORT DES HESSISCHEN MINISTERPRÄSIDENTEN ROLAND KOCH

Die Erforschung der Ursprünge der Menschheit hat seit jeher Wissenschaftler und Laien fasziniert. Ich freue mich, dass das Senckenberg Forschungsinstitut in Frankfurt zur Speerspitze der Erforschung dieses spannenden Themas zählt. Und nicht nur das: Senckenberg hat eine lange und erfolgreiche Tradition darin, Forschung und ihre Ergebnisse auch Laien zu vermitteln. Für Sonderausstellungen wurde deshalb im vergangenen Jahr eine neue Halle errichtet.
Die „Safari zum Urmenschen“, deren Begleitbuch hier vorliegt, ist nach der „Tiefsee“ die zweite dieser großen Ausstellungen und die erste, die Senckenberg selbst konzipiert hat. Sie zeigt nicht nur weltweit einmalige Exponate, sondern verleiht einen lebendigen Einblick in die Arbeit der Forscher. Gleichzeitig werden die Sinne des Besuchers dafür geschärft, welche ökologische Rolle der Mensch spielt. Ich wünsche der „Safari zum Urmenschen“ viel Erfolg, und ich bin zuversichtlich, dass die Besucherinnen und Besucher beim Entdecken, Erforschen und Erleben eine große Faszination empfinden werden.

Roland Koch
Hessischer Ministerpräsident

# VORWORT

Liebe Leserinnen, liebe Leser!

„Wer bin ich?" ist eine der uralten Fragen der Menschheit, die uns heute so sehr beschäftigt wie vor 2000 Jahren. Dabei waren es zunächst die Philosophen, die sich dieser Problematik widmeten. Für Immanuel Kant (1724 bis 1804) sind es vier Kernprobleme, denen sich die Philosophie stellen muss: „Was ist der Mensch? Was kann ich wissen? Was soll ich tun? Was darf ich hoffen?". Seit der Entdeckung fossiler Menschen, etwa des Neandertalers im Jahre 1856, und der Begründung der modernen Evolutionstheorie durch Charles Darwins Buch „Über die Entstehung der Arten durch natürliche Zuchtwahl" (1859) werden diese Fragen zunehmend auch von einer naturwissenschaftlichen Seite angegangen. Dank einer modernen paläoanthropologischen und Paläoumwelt-Forschung, die gerade auch im Senckenberg eine lange und erfolgreiche Tradition hat, sind wir über die Grundzüge der menschlichen Evolution heute vergleichsweise gut informiert. Und genau darüber informiert Sie unsere neue Sonderausstellung, deren Begleitbuch Sie in Händen halten.
Wie in einem Familien-Fotoalbum zeigt die Ausstellung „Safari zum Urmenschen" auf knapp 1.000 m² die Entwicklungsgeschichte unserer Art *Homo sapiens*. So wissen wir, dass sich die Entwicklungslinien von Menschenaffen und Menschen vor etwa 5 bis 7 Millionen Jahren getrennt haben. Die Gattung *Homo* entstand vor etwa 2,5 Millionen Jahren irgendwo in Afrika und eroberte von dort aus auch verschiedene Regionen Eurasiens. Unsere eigene Art *Homo sapiens* gibt es seit etwa 200.000 bis 150.000 Jahren. Sie hat ihren Ursprung ebenfalls in Afrika und besiedelte dann in einer hochkomplexen Auswanderungsgeschichte schrittweise die Kontinente der Erde.

Auch kennen wir die Ursache des besonderen Evolutionserfolges der Menschen, die im Wesentlichen in der Entwicklung des Gehirns liegt. So erlangte der Mensch im Laufe der Evolution die Fähigkeit zu sprechen, Werkzeuge herzustellen und diese Technik auch ohne Gene über „Vormachen", „Nachmachen" und Sprache nicht nur an die eigenen Kinder, sondern an alle Interessierten einer Gruppe weiterzugeben. Die Werkzeuge dienten zunächst dazu, Nahrungsquellen zu erschließen, die mit den „biologischen Werkzeugen", wie Händen und Zähnen, nicht so ohne Weiteres zugänglich waren. In der zeitlichen Abfolge der verschiedenen Kulturstufen ist sehr schön zu verfolgen, wie diese Werkzeuge zunehmend komplexer wurden, wie sich Kleidung, Feuer, Behausungen, Waffen entwickelten bis hin zur Entstehung von Bestattungsriten und Kunst – über all dies informiert Sie unsere Ausstellung mit einmaligen Exponaten.
Wie wichtig ist nun dieses Wissen um unsere Entwicklungsgeschichte für uns moderne Menschen, welche Bedeutung hat es für uns und welche Konsequenzen ergeben sich daraus? Tatsächlich sind die Auswirkungen sehr weitreichend.
Zunächst einmal bedeutet dieses Wissen, dass auch der Mensch, der sich gerne als die „Krone der Schöpfung" sieht, nur ein Produkt der Evolution darstellt. Evolutionsbiologisch gesehen ist der Mensch damit eine Tierart wie jede andere auch. Da jede der rund 1,5 Millionen bekannten Tierarten einmalig ist und einmalige Merkmale besitzt – dies ist geradezu das Kennzeichen von biologischen Arten –, ist natürlich auch der Mensch eine einmalige Art, aber eben nicht im Sinne der „Krone der Schöpfung". Wenn wir diese Einsicht wirklich ernst nehmen, ergeben sich erstaunliche Folgerungen.

So wird auf einmal klar, dass der Mensch in seinem Sinnen und Streben grundsätzlich nichts anderes tut als die übrigen Tierarten: er versucht, sich die Erde im Rahmen seiner Möglichkeiten untertan zu machen und vermehrt sich – wie alle Arten – bis an die ökologisch möglichen Grenzen.
Wenn wir heute das Klima und unsere Umwelt völlig verändern, wenn aufgrund des menschlichen Handelns gegenwärtig rund 100 Arten pro Tag aussterben, dann ist dies im Sinne der Evolutionsbiologie nicht mit ethischen Kategorien zu beurteilen; vielmehr ist zu prüfen, wie sehr dadurch die Lebensqualität aller Menschen, wie sehr eine nachhaltige Entwicklung des Planeten Erde beeinträchtigt wird. Tatsächlich ist dies unsere zentrale evolutionsbiologische Aufgabe, das nachhaltige Überleben unserer eigenen Art zu sichern.
Und genau aus diesem Grunde haben sich in der Evolution des Menschen Kultur und kulturelle Evolution entwickelt. Sie haben uns zunächst von der Natur unabhängiger gemacht, uns die Besiedlung neuer Klimate, Ökologien und Kontinente ermöglicht. Heute werden jedoch mehr und mehr auch die Grenzen und Nachteile einer unkontrollierten technologischen Evolution deutlich; Klimawandel, Ressourcenverknappung, Umweltverschmutzung und Artensterben sind Zeugen dieser Entwicklung. Wir müssen erkennen, dass wir die technologischen Innovationen künftig nicht um eines kurzfristigen Vorteils willen, sondern immer zur Sicherung einer nachhaltigen Entwicklung vorantreiben sollten. Tatsächlich haben wir die nachhaltige Entwicklung mit der „neolithischen Revolution“, also mit der Erfindung des Ackerbaues vor rund 5.000 bis 8.000 Jahren verlassen. Es ist jetzt an der Zeit, der weiteren kulturellen und technologischen Evolution des Menschen das Hauptziel der Nachhaltigkeit zu geben.
Ein derartiges evolutionäres Selbstverständnis des Menschen, wie es durch die Ausstellung „Safari zum Urmenschen“ nahegelegt wird, hat

aber noch weitere Implikationen. Wenn wir – wie jedes Tier und jede Pflanze – das Ergebnis einer Evolution sind, dann müssen wir daraus folgern, dass auch unsere Erkenntnisfähigkeit – wie die jeder Tier- und Pflanzenart – begrenzt ist. Auch als Menschen erkennen wir also nicht die objektive Welt, und schon gar nicht in ihrer Gesamtheit, sondern nur das, was uns aufgrund unserer evolutionären Vorgeschichte erkennbar wird. Und dies bezieht sich nicht nur auf die Erkenntnisfähigkeit, sondern auch auf Ästhetik und Ethik. Was wir als gut oder böse, als schön oder hässlich empfinden, muss seine evolutionären Wurzeln haben. Dass wir die Natur und Formen der Natur meist als schön und ästhetisch wahrnehmen, mag vielleicht damit zusammenhängen, dass wir selbst aus der Natur kommen.
Die Ausstellung „Safari zum Urmenschen" ist also nicht nur ein Blick zurück in unsere eigene Entwicklungsgeschichte, sie muss vielmehr auch als eine Safari zu uns modernen Menschen gelesen werden. Wir erkennen so unsere Grenzen, etwa bezüglich unserer Erkenntnisfähigkeit, gewinnen aber andererseits auch neue Freiheiten, unsere Welt und Umwelt so zu gestalten, dass wir nachhaltig auf dieser Erde überleben können. Wir sind zwar nicht der Nabel dieser Welt, aber eben doch eine gleichberechtigte Art unter Millionen weiterer Arten.
In diesem Sinne wünsche ich Ihnen nun viel Vergnügen bei Ihrer „Safari zum Urmenschen".

Ihr

Volker Mosbrugger

Generaldirektor der
Senckenberg Gesellschaft für Naturforschung

# SAFARI ZUM URMENSCHEN

## ENTDECKEN, ERFORSCHEN, ERLEBEN

**Bei dem Wort „Safari“ denkt jeder an das ursprüngliche Afrika und seine wundervollen Naturschätze. Dabei bedeutet es auf Swahili schlicht „Reise“. Und auf die begibt sich der Besucher in der Ausstellung „Safari zum Urmenschen“ gleich zweifach.**

Zunächst führt sie zu den Ausgrabungsstätten in der Wildnis Afrikas, wo Wissenschaftler des Senckenberg Forschungsinstituts die Ursprünge der Menschheit erforschen. Danach folgt die zweite Reise – eine Zeitreise, die vor sieben Millionen Jahren mit dem *Sahelanthropus* beginnt und über viele Stationen der Menschheitsgeschichte beim heutigen Menschen, dem *Homo sapiens*, endet. Auf diesem Weg entdeckt, erforscht und erlebt der Besucher die Geschichte seiner eigenen Art – und erfährt, woher er kommt und wer er ist.

# ENTDECKEN

**Siebarbeiten an der Grabungsstelle** Malema in Malawi

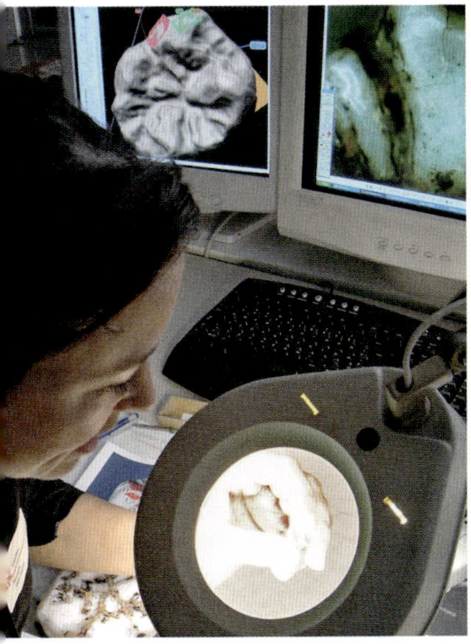

# ERFORSCHEN

**Untersuchungen an Zahnoberflächen** (links)

**Dr. Ottmar Kullmer beim Vermessen und Vergleichen** eines 2,5 Millionen Jahre alten Schweineschädels

# ERLEBEN

**Vorführung im Senckenberg Naturmuseum** zur Lebensweise der Urmenschen

# AUF DER SUCHE NACH UNS SELBST

## FOSSILIEN ENTDECKEN IN AFRIKA

**Der moderne Mensch *Homo sapiens* existiert seit etwa 200.000 bis 150.000 Jahren auf der Erde. Die gezielte Forschung nach seinen Ursprüngen beginnt allerdings erst vor rund 150 Jahren mit dem Fund des Neandertalers in der Kleinen Feldhofer Grotte bei Düsseldorf im Neandertal – dem Ereignis, das als Geburtsstunde der wissenschaftlichen Paläoanthropologie gilt.**

**Charles Darwin im Alter von 29 Jahren** auf einem Aquarell von George Richmond

Die Entdeckung im Jahr 1856 kam einer Sensation gleich, denn zu dieser Zeit war es alles andere als selbstverständlich, die heutigen Menschen als Nachfahren von „Urmenschen" oder gar affenähnlichen Vorläufern zu betrachten. Die Mehrheit der westlichen Bevölkerung – und auch die der Wissenschaftler – ging in Anbetracht der christlichen Schöpfungsgeschichte vielmehr davon aus, dass es fossile Menschen prinzipiell nicht geben könne. So stand auch der anerkannte französische Paläontologe und Anatom Georges Cuviers im 19. Jahrhundert für die gängige Lehrmeinung: *„L'homme fossile n'existe pas!"* – der fossile Mensch existiert nicht. Folgerichtig wurde auch der Neandertaler zunächst nicht als Urmensch gedeutet, sondern von namhaften Naturforschern und Medizinern als Mitglied einer primitiven Rasse oder sogar als kranker bzw. missgebildeter Jetztmensch eingestuft.

**Fossilführende Schichten** im Afar-Dreieck in Äthiopien

## Darwins (r)evolutionäre Sicht

Die Betrachtungsweise der Menschheitsentwicklung änderte sich fundamental mit der Veröffentlichung der Evolutionstheorie durch Charles Darwin im Jahre 1859. Nach anfangs heftigen Debatten und Angriffen gegen die Deutung des Fundmaterials im Sinne der natürlichen Selektion setzte sich schließlich mehr und mehr die Meinung durch, den Neandertaler als fossilen Menschen zu klassifizieren. In den folgenden Jahrzehnten wurden schließlich in ganz Europa weitere Knochenfunde von Neandertalern entdeckt – und daher zunächst die „Wiege der Menschheit“ in Europa gesehen. Dies bestätigte scheinbar auch der im Jahre 1912 in Sussex in England gefundene „Piltdown Man“, während Fossilien

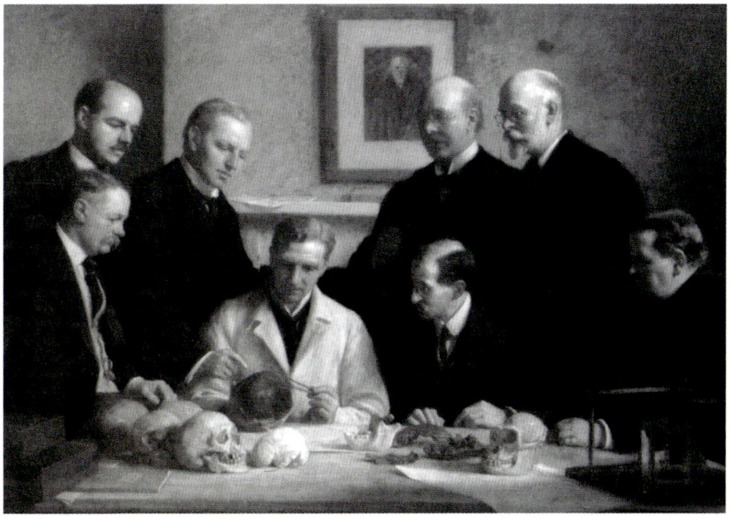

**Sir Arthur Keith mit Gelehrten** bei der Begutachtung des Piltdown-Schädels (Gemälde von John Cooke)

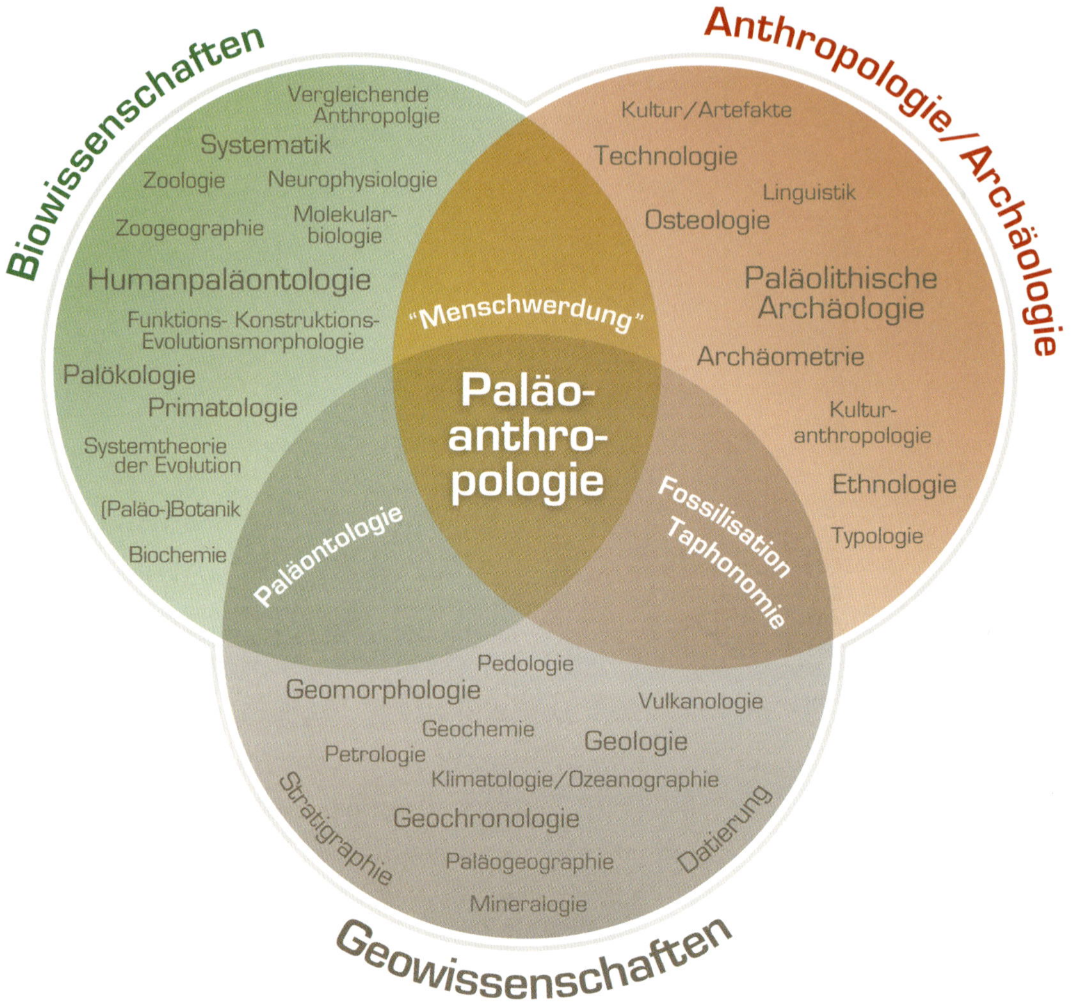


**Paläoanthropologie – was ist das?**

Anthropologie ist die Lehre vom Menschen, „Paläo" kommt aus dem Griechischen und bedeutet „alt" – also die „Lehre von den vergangenen Menschenformen". Die Paläoanthropologie ist ein inter- oder multidisziplinäres Arbeitsfeld, dessen Ziel es ist, die Evolution des Menschen unter Verwendung eines modernen Methodeninventars zu rekonstruieren. Bio- und Geowissenschaften sind ebenso beteiligt wie Archäologie, Anthropologie und weitere Geisteswissenschaften. Es wird versucht, die Sonderstellung des Menschen im Tierreich und damit die spezifische körperliche und geistige Beschaffenheit unserer Art evolutionsbiologisch zu erklären und die ökologischen Rahmenbedingungen der Menschwerdung zu erfassen.

aus Java und China sowie der Fund des afrikanischen „Taung Kindes" dagegen weitgehend ignoriert wurden. 1953 allerdings stellte sich der „fossile Engländer" als dreiste Fälschung heraus – als ein Menschenschädel kombiniert mit Orang-Utan Unterkiefer und Schimpansenzähnen!

Jetzt wurde die Wiege der Menschheit zunächst nach Asien verlegt, wo der Niederländer Eugène Dubois auf Java bereits 1891 Fossilien von Urmenschen gefunden hatte. Dann folgte eine späte Rehabilitation: Denn das Alter afrikanischer Relikte und neue wissenschaftstheoretische Ansätze führten nach 1950 schließlich mehr und mehr dazu, dass Charles Darwins Vorhersage eines afrikanischen Ursprungs des Menschen durch reale Beweise belegt wurde. Vor- und Frühmenschenfossilien mit einem Alter von 7 bis 1,9 Millionen Jahren werden auch heute noch ausschließlich in Afrika gefunden. Demzufolge konzentriert sich die Suche nach den Ursprüngen der Menschheit seit Mitte der 1990er Jahre auf diesen Kontinent. Prof. Dr. Friedemann Schrenk und Dr. Ottmar Kullmer vom Senckenberg Forschungsinstitut sind in Malawi, Kenia, Tansania, Uganda und Äthiopien der Entstehungsgeschichte des Menschen auf der Spur.

**Prof. Dr. Friedemann Schrenk** bei Grabungsarbeiten in Uganda (oben)

**Dr. Ottmar Kullmer und Dr. Immaculate Ssemmanda** bei der Begutachtung eines Säugetierfossils am Albertsee in Uganda

**Dass es mitten in der Wüste einmal großflächige Gewässer gegeben hat, beweist ein ca. 4 Millionen Jahre alter Krokodilzahn**

**Ein versteinertes Stück eines Palmstammes** zeugt von der einst üppigen Vegetation in den heutigen Wüstengebieten Äthiopiens

## Steine der Erkenntnis

Versteinerte Überreste von Vor- und Frühmenschen sind deshalb von so großer Bedeutung, weil sie die einzigen direkten Belege für die Evolution unserer Art darstellen. Sie sind quasi die Grundpfeiler, auf denen die wissenschaftlichen Erklärungen und Deutungen der Menschwerdung ruhen. Als „stumme Zeugen" werden die Fossilien dabei erst durch moderne Analysetechniken und das Zusammenwirken verschiedener Disziplinen der Naturwissenschaften „zum Sprechen gebracht". Jeder neue Fund muss in einen Zusammenhang mit den bereits vorliegenden Erkenntnissen gestellt werden und diese schlüssig ergänzen oder aber in Frage stellen, was wiederum zu neuen Annahmen führt. Für die Rekonstruktion des Lebensraums ist auch die Einbeziehung von so genannten „Beifunden", das heißt Tier- und Pflanzenfossilien, wichtig.

## Ein Riss in der Landschaft deckt es auf

In Afrika finden sich die mit Abstand ältesten Spuren unserer Vorfahren. So werden Überreste aus den ersten 5 Millionen Jahren Menschheitsgeschichte derzeit nur auf diesem Kontinent geborgen – auch deshalb, weil hier die geologischen Bedingungen besonders günstig sind, um überhaupt an die uralten Gesteinsschichten zu gelangen, in denen die Fossilien überliefert sind. Grund dafür ist das so genannte Afrikanische Grabenbruchsystem, ein Riss in der Erdkruste, der sich heute als viele Kilometer breites Tal vom Jordantal über das Rote Meer durch ganz Ostafrika bis nach Mosambik erstreckt. Vor etwa 30 Millionen Jahren drückten flüssige Gesteinsmassen aus dem Erdinneren auf ein mehrere hundert Quadratkilometer großes Gebiet unter dem heutigen Äthiopien. Die Erdkruste wölbte sich auf und brach im Verlauf von Millionen Jahren langsam auseinander. Jedes Jahr und kaum merklich vergrößert sich das „Great Rift Valley" ein klein wenig.

## Wie Fossilien entstehen

Reste von Lebewesen bleiben nur selten und unter besonderen Umständen als Fossilien erhalten. Weniger als 1 Prozent aller derzeit lebenden Lebewesen werden später als Versteinerung überliefert. Denn normalerweise verwesen die Weichteile eines verstorbenen Tieres sehr schnell nach dem Tod und einige Jahre später sind auch die Knochen zersetzt. Nur wenn die toten Organismen vor dem natürlichen Zersetzungsprozess geschützt sind, etwa unter meterdicken Erdschichten und abgeschlossen von Luft, bleiben Reste von ihnen – zum Beispiel als versteinerte Knochen – erhalten.

Mit den Fossilisationsprozessen befassen sich die wissenschaftlichen Gebiete der Biostratinomie und der Fossil-Diagenese. Beide sind Teil der Taphonomie, der Lehre von der Einbettung und Fossilwerdung eines Organismus. Sie beschäftigt sich mit den natürlichen Zerfallsprozessen, die direkt nach dem Tode eines Lebewesens einsetzen, erklärt Unvollständigkeiten eines Fossils und analysiert

**Die Fossilisation in 3 Schritten:**

1 An einem Seeufer in Afrika stirbt ein Vormensch, ein *Australopithecus*. Der Leichnam bleibt nicht lange unentdeckt. Zahlreiche Raubtiere und Aasfresser verzehren und verschleppen Teile des Kadavers. Was an Essbarem zurückgelassen wird, verwerten Insekten. Der Rest verwest, und schließlich bleibt nur noch das Skelett übrig.

2 Bleiben die Knochen frei an der Oberfläche liegen, verwittern sie mit der Zeit und verschwinden ebenfalls restlos. Sie müssen also relativ schnell von Schlamm bedeckt bzw. „eingebettet" werden, um eine Fossilisation überhaupt zu ermöglichen. An Flüssen und Seen verendete Tiere können bei Anstieg des Wasserspiegels von Sedimenten bedeckt werden oder sie sinken an den Grund des Gewässers und werden dort konserviert. Im Verlauf von Jahrtausenden können ehemals überflutete Gebiete trocken fallen, neu überflutet werden und erneut trocken fallen. So können sich mit der Zeit gewaltige Erdschichten auftürmen, unter denen die Knochen versteinern.

3 Durch den immensen Druck der oberen Ablagerungen werden die einst lockeren Erdschichten zu festem Gestein umgebildet und die Knochen durch das Eindringen von Mineralien zunehmend versteinert. Häufig kommt es dabei zu Brüchen und Verformungen. Metertief eingebettete Knochen kommen durch die abtragende Wirkung von Wind und Regen oder geologische Verschiebungen teilweise wieder zum Vorschein und können schließlich doch noch zerstört oder aber gefunden werden.

**Ohne Geländefahrzeuge wäre es sehr mühselig,** die gesamte Grabungsausrüstung vor Ort zu schaffen

den Ersatz der organischen Strukturen durch Mineralien – und damit den eigentlichen Vorgang der Versteinerung. Die Taphomomie ist ein interdisziplinäres Feld, das Erkenntnisse aus Geologie, Chemie, Biochemie, Biologie und Physiologie vereint. Diagenese bezeichnet wiederum die Verfestigung (Kompaktion) zuvor weicher Sedimente (z.B. Sand), die auch eingeschlossene Überreste betrifft und den eigentlichen Startpunkt der Fossilisation kennzeichnet. Die Diagenese folgt einem relativ einheitlichen Stufen-Muster, das Entwässerung (Dehydratation), Kompaktion, Kristallisation, Bruch und Deformation, Umkristallisation und die Abgabe spezifischer Mineralien um das Fossil herum (Konkretion) einbezieht.

## Finderglück mit Berechnung

Bevor Paläontologen oder Paläoanthropologen zu Spaten und Sieb greifen, um die fossilen Reste vor Ort zu bergen, bedarf es einer genauen Planung. Schließlich sind Fossilien von Urmenschen so selten, dass nur eine sehr gezielte Suche danach Erfolg haben kann. Zur Verdeutlichung: Alle bisher gefundenen Menschenfossilen passen auf die Ladefläche eines Geländefahrzeugs! Während sich Massenfossilien, wie zum Beispiel Ammoniten (spiralförmig gewundene fossile Gehäusereste von Kopffüßern), in zahlreichen Gegenden der Erde in großen Mengen finden, sind Versteinerungen von fossilen Menschen äußerst rar. Grabungsexpeditionen werden daher nur in sorgfältig ausgewählten Gebieten durchgeführt, wo auch wirklich Fossilien des gesuchten Zeitalters zu erwarten sind. Solche Gebiete können zum Beispiel anhand von Satellitenaufnahmen der Erdoberfläche ausfindig gemacht werden. In einem neuen Grabungsgebiet sucht das

**Chronologie eines Grabungstages**

**4.00 Uhr:** Mit dem Sonnenaufgang beginnt für das Grabungsteam der Tag. Die ersten sind die Leute von der Küchencrew, die das Frühstück zubereiten.

**5.00 Uhr:** Das Grabungsteam fährt ins Fundgebiet.

**6.00 Uhr:** Die Fossiliensuche beginnt. Die Helfer suchen die Oberfläche nach versteinerten Resten urzeitlicher Lebewesen zentimetergenau ab.

**9.00 Uhr:** Ein Menschenzahn wurde gefunden. Das Fundstück wird mit viel Fingerspitzengefühl freigelegt und zur Dokumentation fotografiert. Die Position des Fossils wird per GPS-Gerät bestimmt und in den Fundplan eingetragen. Danach wird er für den sicheren Transport zum Basislager sorgfältig verpackt.

**12.00 Uhr:** Bei der Heimkehr ins Camp ist das Essen schon vorbereitet. Ein typisches Menü besteht aus Fisch, Bohnen, Reis mit Tomaten und Mangos.

**14.00 Uhr:** Nun beginnt die wissenschaftliche Camp-Arbeit: Die Funde werden begutachtet und so weit wie möglich vorpräpariert und vorbestimmt. Zusammen mit den Fundortdaten wird alles im Feldtagebuch und im Feldkatalog sorgfältig dokumentiert.

**17.00 Uhr:** Schon beginnen die Vorbereitungen für die Nacht. Das Abendessen wird gekocht, die Wäsche wird gewaschen und die Petroleumlampen werden gefüllt.

**18.00 Uhr:** Es wird in Äquatornähe schlagartig dunkel, so als hätte jemand die Sonne ausgeknipst.

**20.00 Uhr:** Abends sitzt die gesamte Crew am Lagerfeuer, es werden die Ereignisse des Tages diskutiert oder Geschichten erzählt. Hin und wieder kommt Besuch aus den Nachbardörfern.

Grabungsteam dann zuerst die Oberfläche großflächig ab. Die Grabung selbst wird anschließend nur dort durchgeführt, wo man Einzelfunde gemacht hat oder wo es Ansammlungen von Fossilen gibt.

## Die Entdeckung beginnt zuhause

Bei der gezielten Suche nach neuen Fundstellen hat sich die Auswertung von Satelliten- und Luftbildern (Prospektion) als äußerst hilfreich erwiesen. Dabei wird gezielt nach speziellen Gesteinsformationen gesucht, die potentiell gute Ablagerungsgebiete für Fossilien sein könnten. Alte Reiseberichte und Beschreibungen von in Vergessenheit geratenen Fundstellen sowie Zufallsfunde können ebenfalls Hinweise liefern.

Danach wird ein Grabungsteam zusammengestellt, das aus Personen unterschiedlicher Fachgebiete sowie zahlreichen Helfern besteht: Sedimentologen untersuchen die Beschaffenheit und Bildung der fossilführenden Schichten, Tektoniker bestimmen die großräumige strukturelle Geologie eines Gebietes, Geochronologen analysieren das Alter der Gesteinschichten, Paläontologen bestimmen, dokumentieren und interpretieren die Fossilien, Präparatoren bergen, konservieren und verpacken die Versteinerungen, zahlreiche, meist einheimische Helfer unterstützen die Grabungsarbeiten oder kümmern sich um die Versorgung des Camps.

Beim sogenannten Survey wird die Oberfläche des Bodens zentimetergenau nach Fossilien abgesucht

## Mit dem Landrover ins Gelände

Nach der Auswahl eines Erfolg versprechenden Gebietes und der Aufstellung eines Grabungsteams beginnt schließlich die oberflächliche Erkundung der Landschaft vor Ort, der so genannte „Survey". Dazu wird die Gegend zunächst mit einem Geländefahrzeug großräumig inspiziert. Bei diesem so genannten „Groundcheck" kann ein erster Eindruck von den vorliegenden Bedingungen gewonnen werden. Nachdem das Camp aufgebaut ist, werden einzelne Gebiete zu Fuß nach Fossilien abgesucht.

Bei der Fossiliensuche spielt Erfahrung eine große Rolle, denn häufig ist es nicht leicht, Knochensplitter und Zähne zwischen ähnlich gefärbten Steinen und Pflanzenresten zu erkennen. Nur an Stellen mit einer außergewöhnlich hohen Funddichte lohnt es sich, gezielt in die Tiefe zu graben und den Boden mühevoll Schicht für Schicht freizulegen.

## Das Leben im Camp

Um lange Anfahrtszeiten zu den Fundstellen zu vermeiden, wird direkt im Grabungsgebiet ein Lager errichtet, in dem das Grabungsteam während der gesamten Grabungskampagne lebt. Ideal ist ein Ort, wo es Wasser und schattenspendende Bäume gibt. Befahrbare Anschlusswege zu den umliegenden Dörfern sollten leicht erreichbar sein. Das Camp besteht aus Zelten oder einfachen Hütten. Die Küche ist aus Holzstangen und Grasmatten konstruiert. Auch die Buschtoilette und die Felddusche sind aus Naturmaterialien gebaut. Eine Waschschüssel dient als Waschbecken, wer

**Blick auf ein Camp der Fossiliensucher** im afrikanischen Grabenbruch/Afar Dreieck

duschen will, nimmt einfach eine Gießkanne. Die Zelte sind recht geräumig, bieten Schatten und vor allem Schutz vor Malaria übertragenden Moskitos.

## Graben und dokumentieren

Um die Position von Fossilfunden später auf einfache Weise bestimmen und dokumentieren zu können, werden Schnüre über die gesamte Grabungsstelle gespannt, so dass ein Vermessungsnetz aus vielen Quadraten entsteht. Das gleiche Quadrantennetz findet sich als Koordinatensystem in verkleinertem Maßstab auf dem Grabungsplan wieder. Die Lage der Fossilien wird ermittelt, indem man ein Lot verwendet, das auf die Mitte des Fundes ausgerichtet ist. Von der Lotschnur ausgehend, wird dann der rechtwinklige Abstand zu den nächstliegenden Schnüren des Netzes mit einem Maßband oder Lineal eingemessen. Ein Grabungsnetz wird nur dann angelegt, wenn an der Fundstelle mit entsprechend vielen Fossilien gerechnet wird.

Damit die beim gezielten Absuchen untersuchten Stellen in einem großflächigen Fundgebiet wieder gefunden werden können, werden Skizzen angelegt, auf denen Erkennungsmerkmale, wie Berge, Bäume, und Flüsse, als Landmarken festgehalten sind. Häufig werden auch Fotografien gemacht und dem Feldtagebuch, mit geologischen Koordinaten versehen, beigelegt. Die geografische Position eines Fundes muss genau dokumentiert werden. Dazu werden die Fundkoordinaten in eine geografische oder geologische Karte eingezeichnet bzw. per GPS-Gerät gespeichert. Wenn die im Gelände gewonnenen geologischen Informationen hinzugefügt werden, lassen sich die jeweiligen Fossil-Schichten auf dem Kartenmaterial sichtbar machen und dreidimensional darstellen. Die Positionsbestimmung durch GPS liefert auch wichtige Daten für weitere Grabungskampagnen.

**Auslesearbeiten des Siebrückstands** kann man auch im Camp machen

Alle wichtigen Geländedaten, Auffälligkeiten oder besondere Vorkommnisse werden darüber hinaus in das Feldtagebuch eingetragen. Anhand dieser handschriftlichen Aufzeichnungen können selbst nach Jahren Zusammenhänge exakt rekonstruiert werden. Die eingemessenen Fossilien werden nach eingehender Begutachtung und Bestimmung mit allen wichtigen Daten in das Fundbuch aufgenommen und mit einer eigenen Nummer versehen. Meistens wird als Fundbuch ein Ordner verwendet, in dem die vorgedruckten Fundbögen nach dem Ausfüllen abgeheftet werden. Im Camp oder nach der Rückkehr werden die Daten dann in den Computer eingegeben und somit elektronisch erfasst.

Unverzichtbar bei einer Ausgrabung ist auch das Anlegen eines Grabungsplans. Auf ihm werden alle Funde im Maßstab 1:4 eingezeichnet. Darüber hinaus werden aber auch Besonderheiten oder Stellen von Probenahmen eingetragen. Alle aufgenommenen und mit einer Nummer versehenen Fossilien lassen sich so in ihrer Fundlage nachträglich rekonstruieren. Von jeder Fundschicht wird ein Grabungsplan gezeichnet. Zusammen ergeben die Pläne der übereinander liegenden Schichten ein räumliches Bild der Fund-

verteilung, das im Computer als räumlicher Block dargestellt werden kann. Die Ausrichtung und Verteilung geben unter Umständen Aufschluss über die Einbettungsfaktoren der Fossilien.
Weil Überreste von besonders geringer Größe oder einzelne Fragmente leicht übersehen werden, wird das ausgegrabene Sediment in vielen Fällen auch noch einmal durchgesiebt. Kleine Fossilien und Bruchstücke lassen sich am besten mit Hilfe von Wasser aus dem Erdreich heraus waschen. Dieser Vorgang wird auch als Schlämmen bezeichnet. Schaufel für Schaufel wird das Sediment durch übereinander gestellte Siebe mit unterschiedlicher Maschengröße (von oben groß nach unten klein) gegeben. Dabei wird das Substrat von oben mit viel Wasser durchgespült. So lassen sich feinkörnige Sande komplett herauswaschen, Fragmente ordnen sich wiederum entsprechend der Maschenweite nach ihrer Größe. Jedes Sieb wird sorgfältig nach Bruchstücken abgesucht – auf diese Weise geht selbst das kleinste Fossil nicht verloren. Wenn kein Wasser in ausreichender Menge zur Verfügung steht, wird – allerdings mit vergleichsweise schlechteren Ergebnissen – trocken gesiebt.

## Bergung und Transport

Fossilien sind meist sehr brüchig, daher muss beim Ausgraben sehr vorsichtig vorgegangen werden. Besonders beim Herausnehmen des Fundstückes, also während der Bergung, kann das Fossil noch im letzten Moment beschädigt werden. Um dies zu vermeiden, wird es entsprechend vorbereitet. Leicht zerbrechliche Fossilien birgt das Team meist „im Block" mit dem umgebenden Sediment, um sie später im Labor in aller Ruhe freilegen zu können. Einen

Fund zu bergen und transportfähig zu machen, kann oft Tage in Anspruch nehmen.
Die Fundobjekte werden zur Stabilisierung auch mit ein paar Lagen von nassem Zeitungspapier und Kunststofffolie bedeckt und anschließend dick mit Gips ummantelt. Zur Kennzeichnung der Ausrichtung des Fossils wird die Nordrichtung mit einem Pfeil markiert. Damit Fossilien wohlbehalten im Camp ankommen, ist es häufig notwendig eine Trage zu bauen. Schwere Blöcke werden mit Holzleisten ausgerüstet. Armierungen aus Metall (Fliegengitter oder Baustahlgewebe) können nur dann zur Anwendung kommen, wenn keine Röntgenaufnahmen von dem Fundstück angefertigt werden sollen. Alternativ lassen sich zerbrechliche Fossilien auch mit einem wesentlich leichteren und schnell härtenden Kunstharz-Schaum sichern.
Wie in der Kriminalistik werden auch Fossilien im Labor mit Hilfe moderner Verfahren und Technik bis ins kleinste Detail untersucht. In der Forschungsabteilung des Senckenberg Naturmuseums angekommen, werden die Fundstücke zunächst ausgepackt, dann sorgfältig von Experten präpariert und die gesammelten Daten anschließend von Wissenschaftlern ausgewertet.

Freilegen eines fossilen Elefantenschädels

# UNSER TEAM IN AFRIKA

**Prof. Dr. Friedemann Schrenk (links) und Dr. Ottmar Kullmer erforschen seit den 90er Jahren die frühe Evolution des Menschen.** Sie forschen verstärkt in Ländern wie Malawi, Uganda, Tansania, Kenia und Äthiopien. Das Foto wurde während einer Forschungsexpedition in Uganda aufgenommen.

Friedemann Schrenk ist Professor für Paläobiologie der Wirbeltiere an der Johann Wolfgang Goethe-Universität Frankfurt am Main und Leiter der Sektion Paläoanthropologie des Forschungsinstituts Senckenberg. Seine Forschungsgebiete sind die Paläoanthropologie und Paläoökologie Afrikas, Ursprung und Ausbreitung der Gattung Homo, Geländearbeiten in Malawi, Tanzania, Kenia und Uganda. Er hat zahlreiche Publikationen zur Paläoanthropologie Afrikas geschrieben und ist Träger des DFG-Communicator-Preises 2006. Seit 2007 ist er Direktor des Zentrums für Interdisziplinäre Afrikaforschung (ZIAF).

Ottmar Kullmer ist promovierter Geowissenschaftler in den Fachgebieten Säugetier-Paläontologie und Paläoanthropologie. Seit 1988 beteiligt er sich an paläontologischen Forschungsarbeiten, Expeditionen und Grabungen in Europa und Afrika zum Thema „Die frühe Entwicklungsgeschichte des Menschen". Seit 2001 ist er Leiter der Sektion Tertiäre Säugetiere in der Abteilung Paläoanthropologie und Messelforschung am Senckenberg Forschungsinstitut in Frankfurt am Main. Er leitet seit 2001 das Labor für 3D-Morphometrie und Zahnfunktionsmuster-Analyse und unterrichtet Paläobiologie am Institut für Ökologie, Evolution und Diversität an der Johann Wolfgang Goethe-Universität, Frankfurt am Main.

# DAS SAGEN DIE EXPERTEN

**Prof. Dr. Friedemann Schrenk:**

*Um erfolgreich in Afrika zu arbeiten, gehen wir Kooperationen ein. Dazu gehört, den dortigen Kollegen die Möglichkeit zur Aus- und Weiterbildung auf jedem Level zu geben, um so die Voraussetzungen für zukünftige Forschungsprojekte zu fördern. Wichtig ist es aber auch, die Bevölkerung einzubeziehen und ihnen unser Vorgehen und die Ergebnisse zu vermitteln.*

*Es ist eine Mischung aus Erfahrung und Genauigkeit, die den Forschungsalltag auszeichnet. Er ist durch eine bestimmte Routine geprägt, in der die zu erledigenden Aufgaben festgelegt sind.*

*Das Wichtigste ist die Fund-Dokumentation. Bei einer Grabung muss genau dokumentiert werden, in welcher Fundschicht die Fossilien auftreten. Wenn das nicht festgehalten wird, ist der Fund wissenschaftlich wertlos. Es gibt drei entscheidende Möglichkeiten, Fossilien einzuordnen: Die Erste ist die Anatomie, die Zweite die geographische Lage und die Dritte ist das geologische Alter und das lässt sich nur bestimmen, wenn die Schichten identifiziert werden.*

**Dr. Ottmar Kullmer:**

*Bei der Forschung in Afrika ist die gesamte Administration für uns ein erheblicher Zeitaufwand. Es ist schwer in Prozent auszudrücken, wie viel Zeit aufgewendet werden muss, um Grabungslizenzen zu bekommen, mit Kollegen zu reden, die Logistik für einen Geländeaufenthalt zu regeln und wie viel dann tatsächlich für die eigentliche Forschungsarbeit übrig bleibt – ich glaube fast, das steht etwa in einem Verhältnis von 50:50. Wenn nicht noch etwas mehr, denn die Geländeaufenthalte sind ebenfalls zeitlich begrenzt und wir versuchen natürlich die Effizienz des Arbeitens zu steigern, indem wir uns entsprechend gut vorbereiten und planen.*

*Das Besondere, das den Alltag dann im Gelände ausmacht, ist die vollkommene Konzentration auf eine Sache. Dazu kommt natürlich auch ein wenig „Entdeckergeist".*

*Es ist schon ein tolles Gefühl, dort ein Fossil zu finden und zu wissen, dass man der Erste ist, der es nach Millionen von Jahren in den Händen hält. Und das gibt auch einen gewissen Ansporn und Motivation.*

# DETEKTIVARBEIT IM LABOR

## UNSERE HERKUNFT ERFORSCHEN

**Zurück in der Zukunft: Nach dem Ende einer Grabungskampagne werden die Fossilien zu Hause im Institut mit Hilfe modernster Technik untersucht und die im Gelände gesammelten Daten ausgewertet.**

Meist sind die neu gefundenen Fossilien noch nicht oder nur vorläufig vor Ort präpariert worden. Die eigentliche Bearbeitung der empfindlichen Stücke erfolgt also erst in den Präparationslabors des Forschungsinstituts, wo günstigere Bedingungen als im Gelände vorliegen.

### Millimeter-Arbeit: die Präparation

Dazu wird das Fossil, nachdem die Schutzhülle vorsichtig entfernt ist, sorgfältig vom umgebenden Sediment und Resten der Verpackung befreit und gereinigt. Dann erfolgt die eigentliche Präparation mit Hilfe von Druckluftbohrern, Sandstrahlgeräten und feinen Sticheln – Druckluftbohrer sind im Grunde kleine Pressluft-

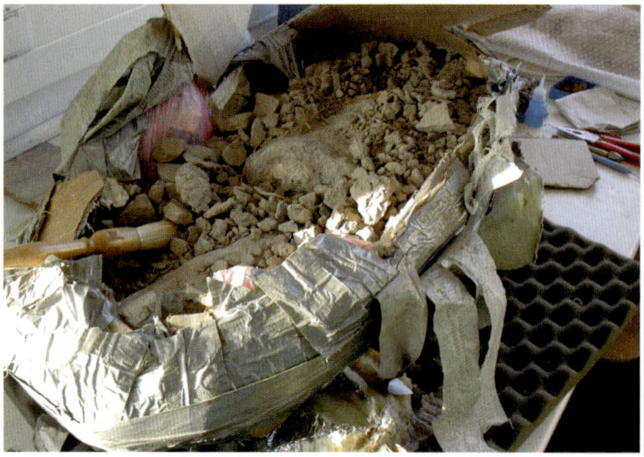

**Ein Schweineschädel nach der Ankunft aus dem Gelände** (links) **und nach der Präparation im Labor** (rechts)

**Im Präparationslabor des Senckenberg Forschungsinstituts** wird in Abstimmung mit Fachwissenschaftlern eine Schädelrekonstruktion von *Sahelanthropus tchadensis* hergestellt

hammer mit einer rotierenden Spitze, die das Gestein aufbricht. Dabei wird der anfallende Staub mit einem permanenten Luftstrom weggeblasen.

Weil es oft sehr schwer fällt, die Grenze zwischen Fossil und dem benachbarten Gestein zu erkennen, ist bei der Präparation nicht nur höchste Vorsicht geboten, sondern auch viel Fachwissen und Erfahrung erforderlich. Gerade bei wertvollen Funden sind gut ausgebildete Präparatoren mit langjähriger Berufserfahrung gefragt: In enger Zusammenarbeit mit einem Fachwissenschaftler wird das Fossil dabei in oftmals wochenlanger Kleinarbeit Millimeter für Millimeter freigelegt. In vielen Fällen sind die Fundstücke auch sehr zerbrechlich – dann muss der Knochen während der Präparation

Abformung eines *Paranthropus*-Schädels

mit entsprechenden Flüssigkeiten gehärtet und geklebt werden. Da bei Fossilien für die wissenschaftliche Auswertung selbst die kleinsten Strukturen von Bedeutung sind, arbeitet der Präparator bei der Feinpräparation mit Hilfe von optischen Geräten, wie Stereomikroskopen.

## Das Einzigartige vervielfältigen

Funde von Vor- und Frühmenschen sind extrem selten und werden wie Schätze gehütet, sind sie doch das versteinerte Erbe und die einzigen Belege für die Evolution unserer eigenen Art. Weil viele Wissenschaftler an diesen Stücken forschen wollen und der anatomische Vergleich auch in Zeiten der Molekularbiologie noch immer Mittel der Wahl ist, müssen diese wertvollen Belege daher entsprechend vervielfältigt werden – entweder durch die klassische Abgusstechnik oder in jüngster Zeit durch Schichtröntgenverfahren (Surface-Scan, CT, µCT, MRT), virtuelle computerassistierte Rekonstruktionen und dreidimensionales Ausdrucken (Stereolithographie, Rapid Prototyping).

## Fundanalyse und Datenauswertung

Es geht weiter auf dem Weg der Erkenntnis. Denn im nächsten Arbeitsschritt steht die wissenschaftliche Analyse der Funde und die Auswertung der im Gelände gesammelten Daten an. Wenn nicht bereits im Feld erfolgt, werden die Fossilien bestimmt – das heißt, es wird festgestellt, um was es sich jeweils handelt, Kieferbruchstück,

**Der Höcker von HCRP-UR 501**

Manchmal fehlt ein entscheidendes Element für die Bestimmung einer Urmenschen-Gattung oder -Art, wie die beinahe unglaubliche Fundgeschichte eines Zahns belegt:

Das „Hominid Corridor Research Project (HCRP)" der Wissenschaftler Prof. Friedemann Schrenk (Senckenberg) und Dr. Timothy Bromage (Universität New York) wurde 1983 gegründet, um Verbindungen zwischen den ost- und südafrikanischen Funden herzustellen. Der 1991 bei einer Oberflächenbegehung (Survey) der fossilführenden Chiwondo-Beds nahe dem Dorf Uraha in Malawi (Ostafrika) gefundene Unterkiefer eines *Homo rudolfensis* stellt diese Verbindung dar. Mit einem Alter von 2,5 Millionen Jahren repräsentiert er den ältesten Fund der Gattung *Homo* weltweit. HCRP-UR 501 – so die Fundnummer des Fossils – fehlte aber ein Viertel des zweiten Backenzahns hinten rechts, dessen Höcker für die präzise Bestimmung der Menschenart überaus wichtig war. Während einer zweiten Grabung von Rainer Abel, Dr. Oliver Sandrock und dem Senckenberger Dr. Ottmar Kullmer wurden sieben Tonnen (!) Sediment vom Fundort des Unterkiefers abgetragen und am Ufer des Malawisees mit Hektolitern von Wasser geschlämmt und gesiebt. Fast ein Wunder: Das lediglich 8 x 9 mm große Fragment wurde am letzten Tag der achtwöchigen Mühe tatsächlich gefunden!

Wirbel, Rippe oder Beinknochen, und wie sie systematisch einzuordnen sind, also zu welcher Art oder Gattung sie gehören. Besonders wichtig ist die zeitliche Einordnung der Stücke, denn nur so lässt sich der Zusammenhang zu anderen Fossilien und ihren evolutionären Beziehungen zueinander herstellen. Biomechanik und Funktionsmorphologie helfen dabei zu verstehen, wie sich unsere Ahnen bewegten und wie sie sich ernährten. Schließlich wird der Frage nachgegangen, in welchem Zusammenhang der rekonstruierte Organismus gestanden hat: Wo lebten diese Menschen, was aßen sie, welche Pflanzen und Tiere lebten zur gleichen Zeit am gleichen Ort, war ein Fluss oder ein Wald in der Nähe – darauf sucht die Paläoökologie Antworten.

## Einordnen – aber wie?

Kompliziert ist die systematische Einordnung der Fossilien: Die Funde sind meist nur bruchstückhaft vorhanden und durch Versteinerungsprozesse und Liegebedingungen zum größten Teil verformt. Charakteristische Merkmale lassen sich also nur schwer oder gar nicht diagnostizieren. Rückschlüsse auf die Eingruppierung zu Gattungen oder Arten sind wiederum nur im direkten Vergleich mit anderen Fossilien möglich – der Zugang zu den dafür benötigten Originalfunden ist jedoch oft streng reglementiert, und präzise Abgüsse sind rar.

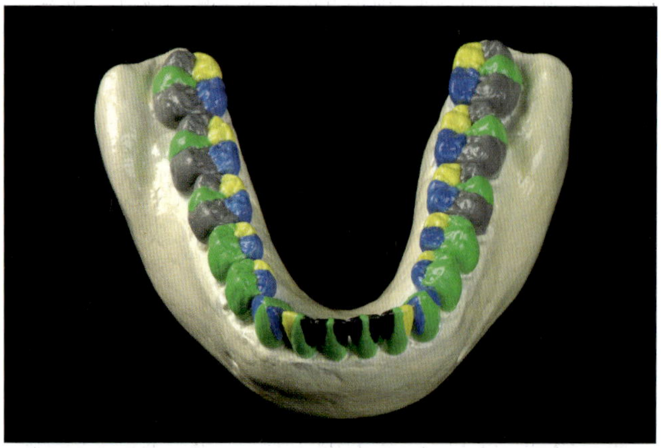

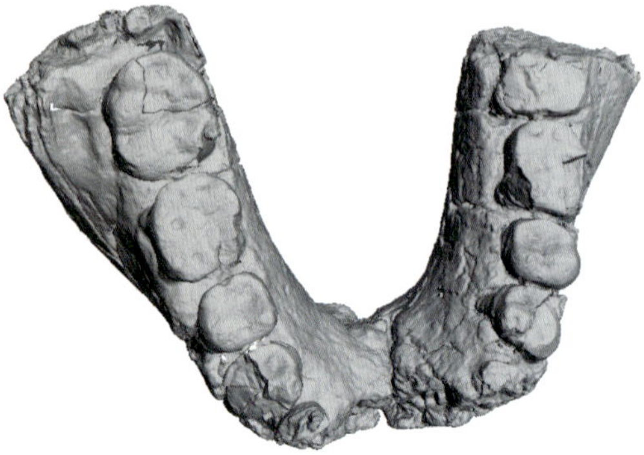

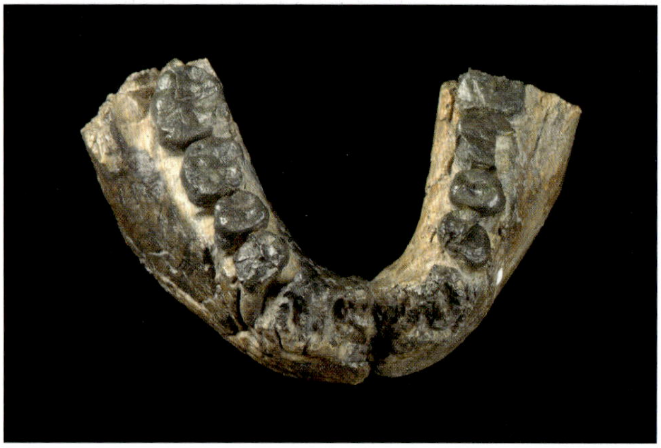

**HCRP-UR 501**
Oben links:
**Wissenschaftliche Zahn- und Kieferrekonstruktion**
Unten:
**Originalfossil aus Malawi**
Oben rechts:
**Digitales 3D-Modell** erstellt mit einem Oberflächenscanner der Firma Breuckmann GmbH

Auch die Variabilität – die Verschiedenartigkeit innerhalb einer Gattung oder Art (Alters- und Geschlechtsunterschiede, geographische Varianten) – muss bestimmt und berücksichtigt werden. Krankhafte und durch Ausgrabung oder Präparation verursachte Veränderungen dürfen aber nicht in die Analyse einbezogen werden. Keine leichte Aufgabe: Denn meist stehen von einer Menschenform nur sehr wenige Exemplare, oft sogar nur ein einziges Individuum, zur Verfügung, so dass Variabilität kaum oder nur unter größten Vorbehalten definiert werden kann. Eine der größten Schwierigkeiten in diesem Zusammenhang stellen die höchst unterschiedlichen Herangehensweisen bei folgenden Fragen dar: „Was ist eine Gattung bzw. Art?" „Wie bestimmt man sie, und welche Merkmale charakterisieren sie?". Denn bisher gibt es keine generell gültigen und von der sehr überschaubaren paläoanthropologischen Fachwelt, der „scientific community", anerkannten Regularien zur Bestimmung eines Fossils!

## Fossilien datieren

Die Bestimmung des Alters von Menschenfossilien ist außerordentlich wichtig für den Vergleich mit zeitgleichen, jüngeren oder älteren Funden. Wenn bekannt ist, welche Homininenform wo und besonders wann gelebt hat, lassen sich Verbreitungsgebiete und ggf. Wanderrouten rekonstruieren. Weiß man außerdem, welche

Pflanzen und Tiere (oder sogar Menschenarten) zur gleichen Zeit im gleichen Gebiet existiert haben, lässt sich auch auf den Lebensraum und die ökologischen Bedingungen schließen.

## Die Lehre von der Stratigraphie

Seit der Entstehung der Erde haben sich Gesteine, Sedimente und abgestorbene Lebewesen schichtweise abgelagert. Nach geologischen Regeln liegen die jüngeren Schichten über den älteren. Sie sind ursprünglich horizontal gelagert, und ihre seitliche Ausdehnung ist lückenlos oder zeigt fließende Übergänge zu weiteren Schichten. Jede Änderung dieser Ordnung wird als geologische Störung gewertet (z.B. Vulkanschlote, Gebirgsbildungen und Verwerfungen). Den so genannten „Straten" lassen sich bestimmte Gesteine oder Mineralien, Fossilien sowie archäologische Artefakte (z.B. Münzen) aus jüngerer Zeit zuordnen, was die relative Datierung ermöglicht. Die Abfolge der Gesteinsschichten nennt man Lithostratigraphie, betrachtet man dagegen Organismen, so spricht man von Biostratigraphie. Die Gesamtheit aller organischen und anorganischen Elemente in einem Ablagerungsraum bezeichnet man als Fazies. Analysen geben Auskunft darüber, welche geologischen und sedimentologischen Ereignisse ihre spezifische Zusammensetzung verursacht haben.

### Der *Homo rudolfensis* beim Zahntechniker

Die Frage, wie Urmenschen wirklich ausgesehen haben, wird häufig gestellt. Leider sind menschliche Fossilien aber genauso oft unvollständig, zerbrochen, deformiert und durch die lange Liegezeit und die Fossilwerdung angegriffen. Der Lebendzustand kann daher nur durch eine präzise Rekonstruktion nachvollzogen werden. So wurde zum Beispiel von dem Zahntechniker Dieter Schulz eine zahntechnische Rekonstruktion des *Homo rudolfensis*-Unterkiefers UR 501 angefertigt, um die knöcherne Anatomie und die Mechanik von Beiß- und Kaubewegungen beurteilen zu können. Dabei wurden die abgekauten Zahnhöcker rekonstruiert, Zähne ergänzt und der Kieferknochen komplettiert (Seite 32 oben links).

Fossilien findet man häufig dort, wo sich Sedimente durch Einschwemmung abgelagert und die Knochen vor der Verwitterung geschützt haben (z.B. in abgesenkten Becken, wie dem Ostafrikanischen Grabenbruch). Versteinerungen werden entweder durch den gezielten Abbau der jüngeren Schichten zur Gewinnung von Bodenschätzen, durch paläontologische sowie archäologische Grabungen oder durch natürliche Störungen im Zuge geologischer Umlagerungen freigelegt.

### Radioaktive Zeit

Doch es geht noch genauer. Denn mit Hilfe der radiometrischen Methode kann entweder an Proben des Fossils selbst oder an Gesteinen der Fundschicht auch eine „absolute" Altersbestimmung vorgenommen werden. In Fossilien oder Gestein natürlich enthaltene radioaktive Elemente zerfallen mit einer bestimmten Rate und in einer spezifischen Reihenfolge, bis sie einen stabilen Zustand erreichen. Aus dem Verhältnis von zerfallenen zu nicht-zerfallenen Atomen kann das Alter einer Schicht oder Probe exakt berechnet werden. Die auf diese Weise ermittelte Zeitfolge bezeichnet man als Chronostratigraphie. Allerdings ist die von Vor- und Frühgeschichtlern viel benutzte „C14-Methode" (Kohlenstoff-Datierung) für ein Alter von mehreren Millionen Jahre nicht geeignet – diese Methode der chemisch-physikalischen Altersbestimmung kann nämlich nur bis maximal 100.000 Jahre sichere Ergebnisse liefern.
Bei den afrikanischen Urmenschenfossilien wird meist das umlagernde Gestein datiert. Dabei geht man davon aus, dass die Schicht unterhalb der Fossilien älter und die darüber liegende jünger ist. Für die genauere Altersbestimmung der Fossilien werden wiederum vulkanische Ablagerungen, wie von Ascheregen und Basaltflüssen, benötigt. Das Entste-

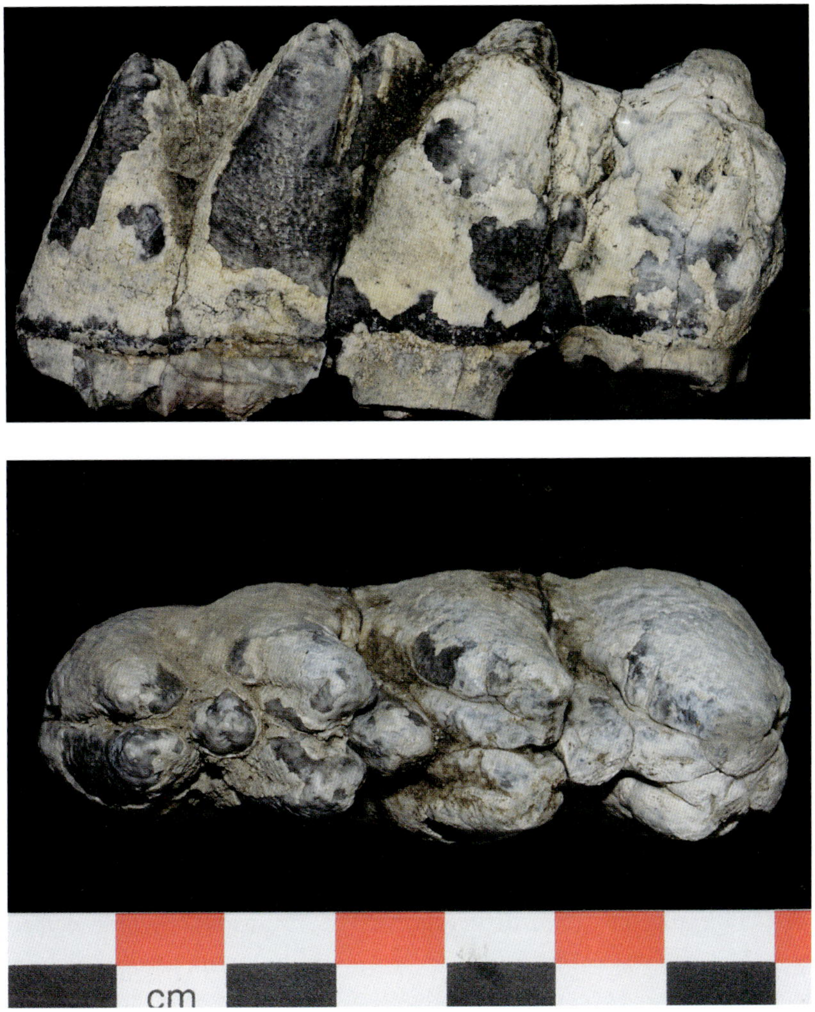


**Fossiler Schweinezahn (*Notochoerus euilus*):** Seitenansicht (oben) **und Sicht auf die Kaufläche** (unten)

hungsalter dieser Gesteine lässt sich mittels komplizierter Isotopenmessungen radiometrisch feststellen. Oder – aber das machen die Finder nur ungern – ein kleines Stück des Fossils wird für das Verfahren „geopfert“ und direkt datiert.

## „Leitfossilien“ – Schwein gehabt

Die „relative“ Datierung wiederum beruht darauf, dass ein Fossil „X“ älter, jünger oder genauso alt ist wie ein Fossil „Y“. Dabei helfen die so genannten „Leitfossilien“, die als Zeitskala dienen können. Sie sollten idealerweise weit verbreitet und leicht identifizierbar sein, nur eine kurze Zeitspanne gelebt haben und eine rasche Ver-

änderung der äußeren Gestalt über diese Periode zeigen. Nur solche Fossilien können spezifischen Alterstufen bzw. Gesteinsschichten zugeordnet werden. Das System dient anschließend dazu, weitere Funde zeitlich zuzuordnen.
An den afrikanischen Fundorten sind fossile Zähne von Schweinen zur Altersbestimmung der Gesteinsschichten von großer Bedeutung. Dies funktioniert aber nur, weil die afrikanischen Schweine zu einer sich rasch verändernden Tiergruppe gehören – zumindest in den letzten 7 Millionen Jahren. Schweinezähne sind daher, wie etwa die Ammoniten der Schwäbischen Alb, Leitfossilien und helfen bei der zeitlichen Einordnung von Schichten und Funden. Warum, ist schnell erklärt: Besonders die letzten Backenzähne in der Zahnreihe der urzeitlichen Busch- und Riesenschweine haben sich deutlich verändert, und zwar von breiten relativ niedrigen Zähnen zu hochkronigen, langen Kauwerkzeugen. Damit können die Schweine härtere Pflanzenteile, wie z.B. Grasfasern, mechanisch aufarbeiten, um sie anschließend zu verdauen.
Mittels digitaler Messmethoden lässt sich dazu das komplexe Zahnschmelzmuster der Schweinezähne „entschlüsseln". Backenzähne können so verschiedenen Entwicklungslinien zugeordnet werden, womit auch das Evolutionsniveau und das relative geologische Alter bestimmt werden kann. Mit der Zahnmusteranalyse wird der Zeitraum der Menschheitsentwicklung in Afrika schließlich von der Wissenschaft in fünf verschiedene Entwicklungen von Schweinebezahnungen unterteilt. Die Paläoanthropologie konnte mit Hilfe dieses Verfahrens auch falsche oder ungenaue Altersangaben fossiler Urmenschenfunde korrigieren.

**Wie kommt die Rekonstruktion wieder aus dem Computer?**

Giovanni Pico della Mirandola, 1463 in Mirandola (Nord-Italien) geboren und 1494 in Florenz verstorben, war ein Philosoph der Renaissancezeit, dessen posthum veröffentlichte Rede „De hominis dignitate" (Von der Würde des Menschen) als wegweisend für die humanistische Anthropologie gilt. Er versuchte, die mystische Tradition des Judentums (Kabbalah) mit dem christlichen Glauben zu verknüpfen, scheiterte mit seinen daraus entwickelten Thesen jedoch an Papst und Klerus, die della Mirandola der Ketzerei bezichtigten.

Als der Schädel von della Mirandola im Jahre 2007 in Florenz exhumiert wurde, stellte man fest, dass dem Unterkiefer die linke Gelenksfläche fehlte. Für die Rekonstruktion des fehlenden Knochens wurde der gesamte Schädel per Computertomografie eingescannt und dreidimensional rekonstruiert. Durch geometrisch-mathematische Techniken konnte er schließlich am Computer im Senckenberg Forschungsinstitut vervollständigt werden. Ein großer Vorteil dieser Technik: Das Original lässt sich berührungs- und zerstörungsfrei analysieren – und bleibt bestmöglichst erhalten.

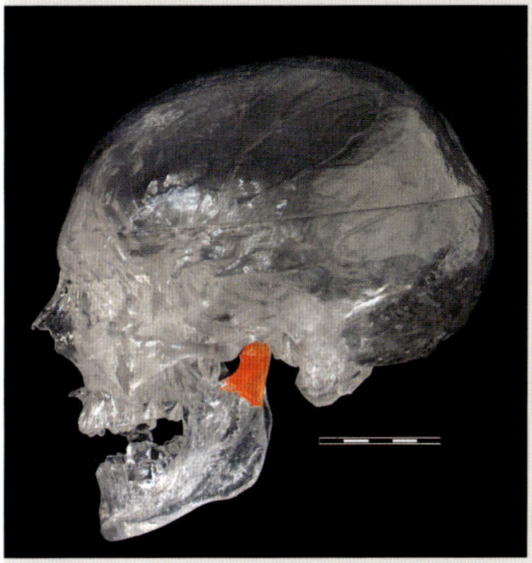

Auf dem Bild ist ein 3D-Ausdruck des Schädels zusehen, bei dem die Ergänzung orange eingefärbt wurde. Eine solche Stereolithografie wird per Laser und Schicht für Schicht aus einer flüssigen Plastikmasse geformt, die unter Lichteinfluss erhärtet. Das virtuelle Modell wird so in ein reales Objekt umgewandelt, das für direkte vergleichende Analysen genutzt werden kann. Diese virtuelle Technik wird auch im medizinischen Bereich zur Anfertigung chirurgischer Implantate bei Verlust von Knochenmaterial durch Verletzungen oder Tumore genutzt.

Für das Senckenberg Forschungsinstitut ist die so genannte „Schweinechronologie Afrikas" ebenfalls ein bedeutendes Forschungsfeld, denn nur in wenigen Einrichtungen weltweit werden fossile Schweinebackenzähne zur Datierung ausgewertet – also ein Grund mehr, den fossilen Schweinen weiter auf den „Zahn zu fühlen".

## Blick auf das Gesamtbild

Ein Menschenfossil kann nur im Rahmen seiner Lebenswelt bzw. seiner Ökologie umfassend interpretiert werden. Um einen exakten Eindruck zu bekommen, werden die geologischen Verhältnisse (z.B. Vulkane, Gebirgsbildungen etc.), Ablagerungen (Sedimentologie), Pflanzen- und Tierwelt und eventuell vorhandene archäologische Artefakte (z.B. Steinwerkzeuge, Kunstgegenstände) aus dem betroffenen Zeitraum untersucht und zu einem Gesamtbild zusammengefügt. Dabei ist zu berücksichtigen, dass eine so genannte „Totengemeinschaft" untersucht wird, deren Zusammensetzung stark von den Bedingungen des Ablagerungsraumes abhängig ist. Idealerweise wird zunächst die „Lebendgemeinschaft" rekonstruiert, um die damaligen Verhältnisse beurteilen zu können. Im Kontext mit einer gesicherten Datierung lässt sich dann für ein Fundgebiet und einen speziellen Zeitraum ein Bild vom Leben eines Vor- oder Urmenschen entwerfen: wo und wie er lebte, was er aß, ob er Werkzeuge besaß, das Feuer beherrschte und wer seine Konkurrenten waren.

## Moderne Analyseverfahren

Vor einiger Zeit noch mussten die Wissenschaftler weit reisen, um die extrem seltenen und äußerst wertvollen Menschenfossilien vor Ort zu untersuchen. Inzwischen wurden Verfahren entwickelt, welche die berührungs- und zerstörungsfreie Aufnahme der Versteinerung und die Erstellung eines Computer-Modells ermöglichen. Dieses kann anschließend aus allen Perspektiven betrachtet, gezoomt und gedreht werden sowie Forschern weltweit und jederzeit zur Verfügung stehen. An ihm lassen sich problemlos Volumina, Strecken- und Winkelmaße erheben. Virtuelle Rekonstruktionen, das heißt Ergänzungen, Spiegelungen, das Entfernen von Deformationen etc., sind ebenfalls möglich.
Im Senckenberg Forschungsinstitut werden virtuelle Modelle der Oberfläche eines Objektes per 3D-Oberflächen-Scanner der Firma Breuckmann erstellt: Das System besteht aus zwei digitalen Kameras

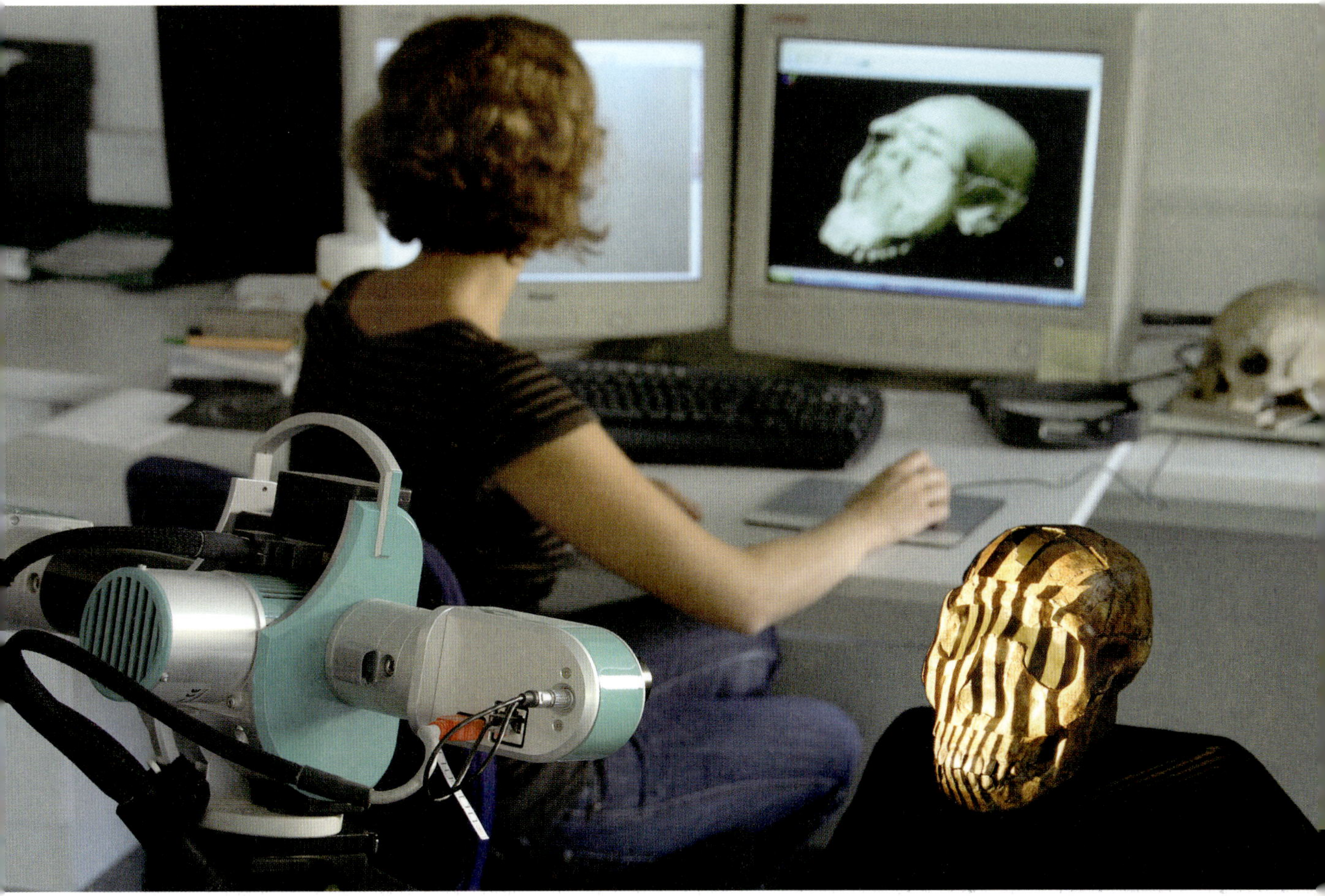

und einem Streifenprojektor – dieser wirft unterschiedlich dichte Streifenmuster auf das zu scannende Fossil, deren optische Verzerrung die eigentliche dreidimensionale Information liefert. Wird der Vorgang wiederholt und dabei die Lage des Objekts verändert, erhält man viele Teilansichten, die per Computerprogramm zu einem kompletten Modell zusammengefügt werden. Die Messgenauigkeit dieses „structured light scannings" liegt bei 0,05 mm, bei geringerer Auflösung kann der Scan in Echtzeit, also sehr schnell, erfolgen. Ein weiterer Vorteil ist die geringe Größe des Scanners, der sich in einem Koffer verstaut mitnehmen und „im Feld", das heißt direkt vor Ort an einer Grabungs- oder Fundstelle, einsetzen lässt.
Alternative Aufnahmetechniken sind Röntgenverfahren, wie Computer- und Magnetresonanztomografie (Kernspin). Im Gegensatz

**Im Labor für 3D-Morphometrie des Senckenberg Forschungsinstituts** wird ein digitales Modell von einem *Homo ergaster*-Schädel erstellt

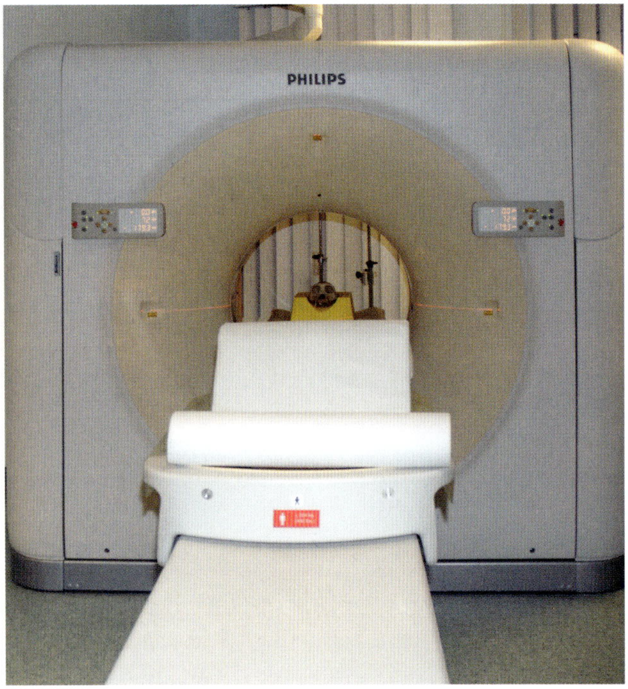


**In der paläoanthropologischen Forschung gehört die Computertomographie mittlerweile zu den Standardverfahren.** Im Bild ein Schimpansenschädel aus der Sammlung des Senckenberg Forschungsinstituts im Computertomografen der Radiologie Sachsenhausen GmbH.

zum Oberflächenscanning bieten sie die Möglichkeit, das Innere eines Fundes zu untersuchen und zu modellieren (z.B. Innenohr, Schädelhöhlen, Zahnaufbau): Dazu werden die Objekte Schicht für Schicht durchleuchtet, die Bilder in geeignete Computerprogramme eingebracht und virtuelle Modelle per Software herausgearbeitet (so genannte „Segmentation"). Die extrem hohe Auflösung – teilweise im Mikro-Bereich – gestattet die Rekonstruktion selbst kleinster Strukturen. Nachteile sind die extrem großen Datenmengen, die nur per Hochleistungsrechner verarbeitet werden können, sowie die teilweise schwierig zu handhabenden Programme.

## Dem Kind einen Namen geben

Und was geschieht nach den vielen Untersuchungen? Jedes Homininenfossil erhält zunächst seine eigene Fundnummer. Diese setzt sich aus Buchstaben (z.B. Abkürzung für das Institut oder die Kampagne, wie HCRP für Hominid Corridor Research Project, die jeweilige Fundregion, wie UR für Uraha oder WT für West-Turkana) und Zahlen zusammen. Besonders kleidsam: Beim *Homo rudolfensis* Unterkiefer HCRP-UR 501 stand die Jeans „Levis 501" Pate für die Fundnummer. Ist die Analyse eines Neufundes abgeschlossen, wird der wissenschaftliche Name vergeben, der aus zwei Teilen besteht: dem Gattungsnamen (z.B. *Homo*) und dem Artnamen (z.B. *rudolfensis*), also *Homo rudolfensis*. Diese noch heute gebräuchliche Art der Benennung wurde vom Naturforscher und Erfinder des Ord-

Dr. Ottmar Kullmer bei der Untersuchung der Bezahnung eines fossilen Menschenaffen

nungssystems für Organismen Carl von Linné im 18. Jahrhundert eingeführt. Gattungs- und Artname werden im Schriftbild konventionell *kursiv* gesetzt.

Spitznamen sind vor allem bei spektakulären oder berühmten Funden gängig: zum Beispiel „Toumai" für den ältesten Vormenschen *Sahelanthropus tchadensis*, „Kind von Taung" für das erste *Australopithecus*-Fossil, „Lucy" für den ersten fossilen Nachweis des aufrechten Gangs, „Nussknacker" für den extrem robusten *Paranthropus* mit gewaltigen Kaumuskeln, „Black Skull" für ein in Äthiopien gefundenes schwarz gefärbtes Fossil, „Turkana Boy" für den Jahrhundertfund eines gut erhaltenen *Homo ergaster* Skeletts und „Hobbits" für die jüngst auf der Insel Flores in Indonesien gefundenen zwergwüchsigen Urmenschen.

## Mit der Veröffentlichung wieder unter den Lebenden!

Ehre, wem Ehre gebührt: Der Finder bzw. das Grabungsteam hat schließlich das Recht, den Fund zum ersten Mal der – primär wissenschaftlichen – Öffentlichkeit zu präsentieren. Idealerweise sollte die Erstpublikation einen Überblick über das Alter, die Fundschicht,

**Kolorierung von Abgüssen** fossiler Schädel

die morphologischen Merkmale, den Vergleich mit weiteren Funden und eine Begründung für die Vergabe eines Gattungs- bzw. Artnamens enthalten. Im Falle der Etablierung einer neuen Gattung oder Art sollten die Argumente stichhaltig und gut begründet sein. Darüber hinaus ist eine Darstellung, in welchem geologischen und biologischen Kontext das Fossil gefunden wurde und welche Schlussfolgerungen auf Lebensweise und Ökologie des gefundenen Vor- oder Urmenschen gezogen wurden, wünschenswert. Letzteres erfolgt meist in einer zweiten Publikation.

Die Forscher können nur vermuten, wie und wo genau die frühen Menschen lebten, wovon sie sich ernährten, wen sie trafen und welche Probleme sie zu bewältigen hatten. Um ein möglichst umfassendes Bild der Menschwerdung zu entwerfen, werden alle bisherigen Erkenntnisse wie ein großes Puzzle zusammengefügt. Es fehlen jedoch noch immens viele Teile, und jede Darstellung bzw. jedes Modell der Evolution des Menschen kann nur eine Momentaufnahme sein. Der heutige Stand der Wissenschaft wird im folgenden Kapitel zusammengefasst.

**Abgüsse von Kunstgegenständen** aus der Zeit vor rund 30.000 Jahren werden bearbeitet

# DAS SAGEN DIE EXPERTEN

**Prof. Dr. Friedemann Schrenk:**

*Was wir Menschen nicht persönlich nachvollziehen können ist die zeitliche Dimension unserer Entwicklung. Sie verlief nach unseren Maßstäben unendlich langsam. In ihr stecken zigtausende Generationen.*
*Man kann sich zwar an seine Eltern-Generation erinnern, an die Großeltern und eventuell auch noch an die Urgroßeltern, aber dann ist Schluss. Wenn man sich überlegt, dass eine Generation etwa 20 Jahre ausmacht, sind das bei 7 Millionen Jahren Evolution 350.000 Generationen! Erst seit ca. 800 Generationen sind wir modernen Menschen, Homo sapiens, alleine weltweit verbreitet. In unserer Entwicklung war dies aber keineswegs der Normalfall. Es gab viele geographischen Varianten. Verschiedene Homininen-Gruppen lebten gleichzeitig an unterschiedlichen Stellen auf der Erde.*
*Die Situation, die wir heute haben und die Welt, in der wir leben, lassen sich ohne Kenntnis über den Verlauf der Evolution nicht erklären, und das ist auch der Grund dafür, warum wir überhaupt paläoanthropologische Forschung betreiben.*

**Dr. Ottmar Kullmer:**

*Bei unseren Untersuchungen möchten wir z.B. herausfinden, was unsere Vorfahren gegessen haben. Es gibt die Hypothese, dass die Abnutzung der Zähne mehr oder weniger direkt die physikalischen Eigenschaften der Nahrung, die damit aufgearbeitet wurde, widerspiegelt. Das bedeutet, dass unterschiedliche Abnutzungsmuster im Gebiss unserer Vorfahren den Hinweis geben, dass diese unterschiedliche Nahrung zu sich genommen haben. Wir haben hier Methoden entwickelt, um die Zahnoberflächen so genau zu vermessen, dass wir die Muster miteinander vergleichen können. Wir scannen die Zähne dreidimensional, sodass wir ein virtuelles Modell im Computer erhalten und an diesem dann auch genau untersuchen können wie die Zähne beim Kauen aufeinander trafen und wie und in welche Richtung gekaut wurde. Damit kommen wir dem Verständnis des Nahrungsspektrum unserer Vorfahren schon viel näher. Diese Methoden können aber auch Informationen liefern, um fehlende Flächen moderner Zahnkronen passgenau zu rekonstruieren.*

# VOM MENSCHENAFFEN ZUM HOMO SAPIENS

## DIE EVOLUTION DER MENSCHHEIT ERLEBEN

**Der Mensch hat seinen Platz gefunden: Im 18. Jahrhundert wurde er von dem schwedischen Gelehrten Carl von Linné den Primaten zugeordnet, und im 19. Jahrhundert postulierte Charles Darwin, dass *Homo sapiens* evolutionär aus affenähnlichen Ahnen hervorgegangen sein muss.**

Heute bestätigen auch molekularbiologische Untersuchungen die nahe Verwandtschaft. Vom Standpunkt der Naturwissenschaften wird der Mensch, wie jeder andere Organismus, nach festgelegten Ordnungskriterien einem System biologischer Kategorien zugeordnet.

### Familiengeheimnisse werden gelüftet

Um die Entwicklung von *Homo sapiens* nachvollziehen zu können, ist es notwendig, die Gemeinsamkeiten und Unterschiede zwischen ihm und den anderen Primatenarten zu untersuchen. Dabei

| | |
|---|---|
| Reich: | Tiere (Zoa) |
| Stamm: | Rückenseitentiere (Chordata) |
| Klasse: | Säugetiere (Mammalia) |
| Ordnung: | Herrentiere oder Primaten (Primates) |
| Unterordnung: | Trockennasenaffen (Haplorhini) |
| Teilordnung: | Schmalnasen- oder Altweltaffen (Catarrhini) |
| Überfamilie: | Menschenaffen und Menschenartige (Hominoidea) |
| Familie: | Große Menschenaffen und Mensch (Hominidae) |
| Gattung: | Mensch (*Homo*) |
| Art: | Vernunftbegabter Mensch (*Homo sapiens*) |

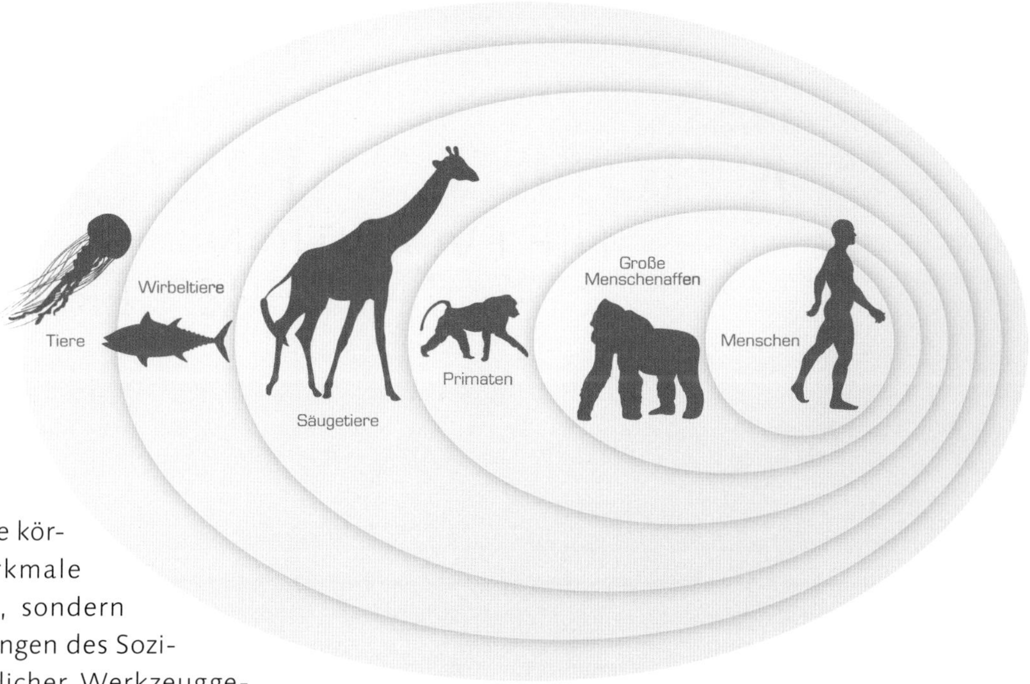


sind nicht nur die körperlichen Merkmale von Bedeutung, sondern auch Beobachtungen des Sozialsystems, möglicher Werkzeuggebrauch, Kommunikation und geistige Fähigkeiten. Ähnlichkeiten erklären den langen gemeinsamen Weg durch die Stammesgeschichte. Die Sonderstellung des Menschen lässt sich durch die Identifizierung der Unterschiede zu den genetisch nächsten Verwandten, den Großen Menschenaffen, begründen.

Analysen zeigen, dass die Erbinformation von Schimpanse und Mensch zu über 98 Prozent identisch ist! Wissenschaftler haben anhand dieser – auf den ersten Blick sehr geringen – genetischen Abweichungen errechnet, dass die Abspaltung der zum Menschen führenden Zweige von diesen Menschenaffen vor zirka 7 bis 5 Millionen Jahren stattfand. Zu dieser Zeit entwickelten sich von einem affenartigen Vorfahren ausgehend zwei Linien: Die eine führte zum heutigen Schimpansen, die andere über eine Vielzahl von Vor-, Früh- und Urmenschen („Homininen") zum modernen *Homo sapiens*. Ihre genaue Verwandtschaft und Abfolge ist Gegenstand unzähliger Diskussionen.

Fossilien ermöglichen Rückschlüsse auf das Aussehen und die Herkunft unserer Ahnen. Sie können helfen, den evolutionären Weg des Menschen im Rückblick nachzuvollziehen. Eine genaue Kenntnis der heute lebenden Affen ist wiederum unbedingt notwendig, um fossile Lebensspuren richtig zu deuten. So steht zum Beispiel die Gestalt ihrer Zähne in direktem Zusammenhang mit

Stammbaum der
Primaten

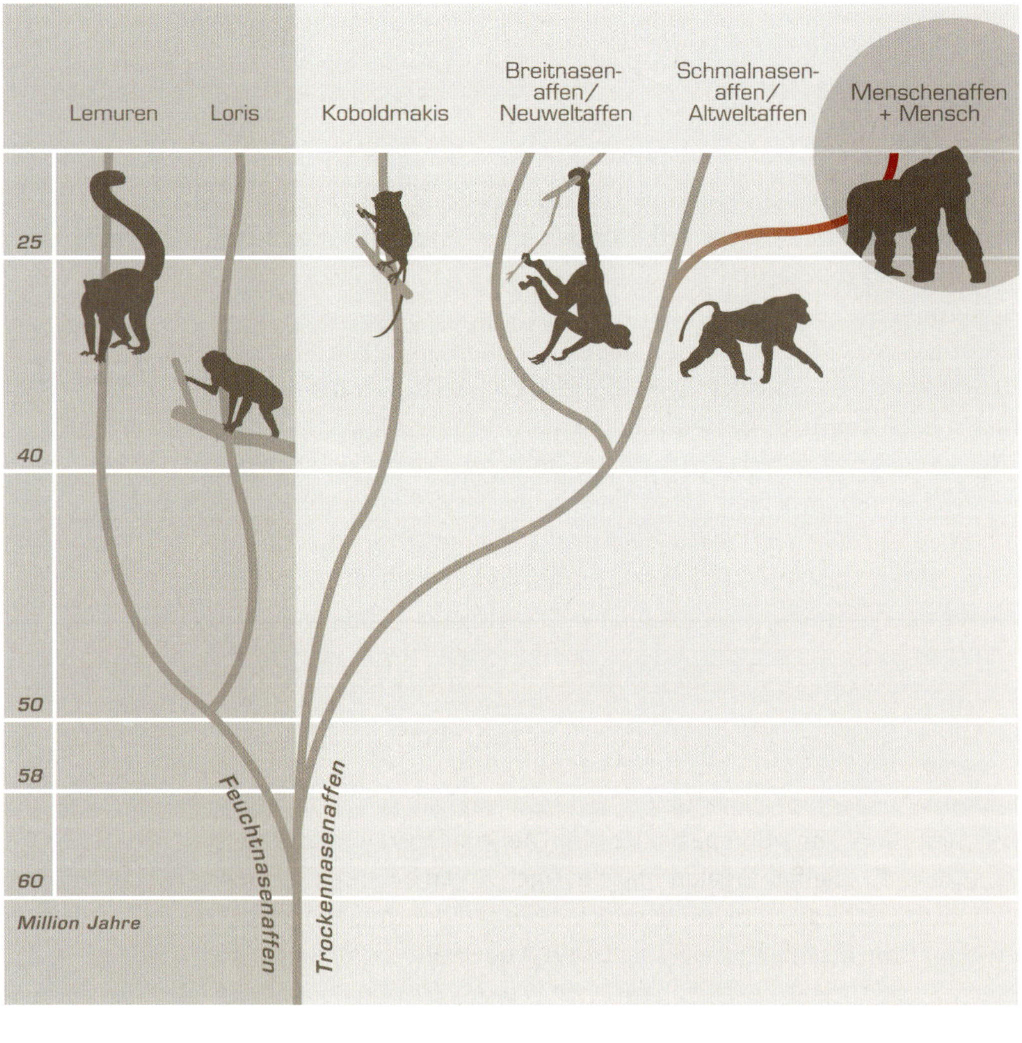

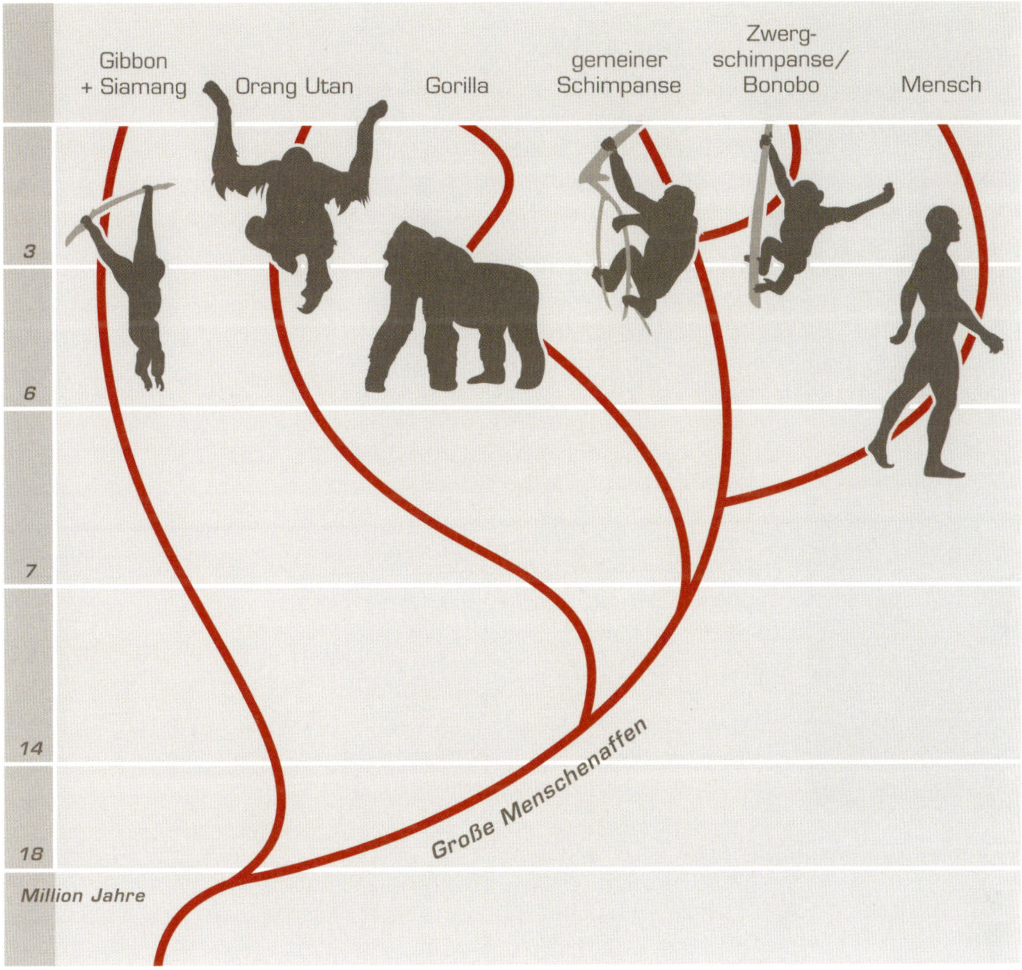


**Stammbaum der Hominoidea –** Menschenaffen einschließlich Mensch

ihrer Nahrung und ihrem Lebensraum. Findet man nun fossile Zähne, lässt sich anhand des Aussehens auf die Ernährungsweise und die Ökologie schließen.

## Fossile Primaten

Versteinerungen von Affen helfen den Forschern bei der Stammbaumrekonstruktion der heute existierenden Formen. Dazu werden ursprüngliche von spezialisierten Merkmalen unterschieden. Kennzeichen, die bei fossilen und heutigen Arten auftreten, lassen vermuten, dass diese miteinander verwandt sind. Im Hinblick auf die Evolution des Menschen interessieren daher vor allem jene Formen, die direkt mit den Menschenaffen verwandt sind.

**Sensationsfund „Ida"**

Äußerst selten sind vollständig erhaltene Primatenskelette wie das kürzlich der Öffentlichkeit vorgestellte Fossil „Ida" – die 47 Millionen Jahre alten Überreste eines Halbaffen-Weibchens, dem der neue wissenschaftliche Name *Darwinius masillae* gegeben wurde. Es stammt aus der Fossilienfundstätte Grube Messel, zirka acht Kilometer nordöstlich von Darmstadt in Hessen. Der Gattungsname bezieht sich auf Charles Darwin, der Artname auf den Fundort. Ida ist der bei weitem vollständigste fossile Primat der jemals entdeckt wurde. Zudem ist der Erhaltungszustand einzigartig, denn das Fossil zeigt auch Teile des Weichkörpers und im Magenbereich Reste seiner letzen Mahlzeit. Ida war ein Jungtier, das bei seinem Tod erst etwa neun bis zehn Monate alt war. In ihrem Aussehen ähnelte sie heutigen Lemuren. Sie bewegte sich vierbeinig auf den Bäumen und am Boden fort und ernährte sich von Früchten und Blättern.

Aus dem Erdzeitalter des Miozäns vor 22 bis 5,5 Millionen Jahren sind etwa 100 verschiedene Menschenaffenarten bekannt. Heute existiert nur noch eine Reliktgruppe mit etwa 20 Arten (Gibbons, Orang-Utans, Gorillas, Schimpansen und der Mensch). Die Vorfahren der Großen Menschenaffen lebten in Europa und Asien und gelangten von dort aus nach Afrika und China.

## Heutige Primaten

Familienbande: Bisher unterschied man in der Ordnung Primates (Herrentiere) systematisch zwischen „Halbaffen" und „echten Affen". Neue Forschungen zeigen jedoch, dass diese Einteilung nach Ähnlichkeit nicht den realen Verwandtschaftsverhältnissen entspricht. In der modernen Systematik werden die Feuchtnasenaffen (Strepsirrhini) daher von den Trockennasenaffen (Catarrhini) getrennt.

Zu den Feuchtnasenaffen gehören die auf Madagaskar lebenden Lemuren, afrikanische Galagos (Buschbabies) und einige asiatische

**Einige ausgestorbene Arten, die als Vorläufer der heute lebenden Menschenaffen gelten:**

***Proconsul*** wurde in Kenia gefunden und ist mit 23 bis 14 Millionen Jahren der älteste bisher bekannte Vorfahr aller Menschenaffen. Sein Skelett zeigt aus Merkmalen der Halbaffen und echten Affen. Vermutlich war *Proconsul* ein reiner Baumbewohner, dessen Nahrung aus reifen Früchten und Blättern bestand. Sein Hirn ähnelte in der Größe bereits dem von Gibbons und Pavianartigen.

***Sivapithecus*** ist vermutlich eine Ahnenform des Orang-Utans. Fossilien dieses Affen wurden in Indien und Pakistan gefunden und weisen ein Alter von 12,5 bis 10 Millionen Jahren auf. Samen, Rinde und Nüsse bildeten seine Nahrung. Im Gegensatz zu den Orang-Utans bewegten sich diese 40 bis 90 kg schweren Primaten vermutlich vierbeinig auf dem Boden fort.

***Dryopithecus*** stellt historisch die erste fossil beschriebene Gattung der Großen Menschenaffen dar. Aufgrund seiner Zahnmerkmale wird er als möglicher Vorfahr an der Wurzel der Linie von afrikanischen Menschenaffen und Mensch gesehen. Alle Fundorte liegen in Europa und datieren auf ein Alter von 13 bis 9 Millionen Jahren. *Dryopithecus* bewegte sich kletternd und hangelnd durch die Bäume der damaligen subtropischen Wälder.

***Oreopithecus bambolii*** wurde in der Toskana und auf Sardinien gefunden. Die Art besiedelte vor 7 bis 6 Millionen Jahren eine kleine Inselgruppe im Mittelmeer und nahm dort offenbar einen eigenständigen Entwicklungsweg. Während man bisher davon ausging, dass sich der ca. 1,10 m große und 30 kg schwere *Oreopithecus* wie heutige Gibbons mit seinen langen Armen schwinghangelnd durch die Bäume bewegte, weisen neuere Untersuchungen am Beinskelett und am Becken auf eine zweibeinige Fortbewegungsweise hin. Der Schädel lässt vermuten, dass *Oreopithecus* relativ hohe Kaudrücke aufbringen konnte, die es ihm auch ermöglichten Blätter zu fressen.

Arten, die alle relativ klein sind, einen ausgeprägten Geruchssinn haben, meist nachtaktiv sind und in vielen Fällen eine so genannte Putzklaue – also einen „Spezialfinger" – aufweisen. Die Gruppe der Trockennasenaffen umfasst die weitaus größte Anzahl von Affen, den Menschen inklusive. Neben den eigentümlichen Koboldmakis (*Tarsius*) werden dabei zwei weitere geographische Großgruppen unterschieden: die Neuwelt- und die Altweltaffen. Neuweltaffen (z. B. Totenkopfäffchen, Brüllaffen) leben in Mittel- und Südamerika. Altweltaffen findet man in Afrika, Asien und Gibraltar (Berberaffen). Letztere trennen sich nochmals in die heute größte Gruppe der geschwänzten Altweltaffen (Cercopithecoidea, z. B. Pavian, Mandrill, Languren) und die eigentlichen Menschenaffen (Hominoidea). Letztere bilden eine Überfamilie mit 2 Familien, etwa 8 Gattungen und etwa 20 Arten, von denen eine der *Homo sapiens* ist. Nachfolgend werden die wichtigsten Vertreter der Menschenaffen vorgestellt (der Gattungsname ist dabei in Klammern und kursiv gesetzt).

## Hominoidea (Menschenaffen und Mensch)

### *Gibbons und Siamang (Familie: Hylobatidae)*

Gibbons (*Gibbon*) und Siamang (*Symphalangus*) werden mit einem Gewicht von 5 bis 12 kg auch als „Kleine Menschenaffen" bezeichnet und bewohnen die tropischen Wälder Südostasiens. Sie leben monogam und zeigen keine geschlechtsbezogenen Unterschiede. Gibbons haben relativ zur Körperlänge die längsten Arme unter den Menschenaffen, was mit dem reinen Baumleben und dem Schwinghangeln im Geäst in Zusammenhang steht. Einzigartig ist das zweibeinige und aufrechte Gehen auf Ästen. Gibbonpärchen „markieren" ihr Wohngebiet durch laute und lange duettartige Gesänge, die sich zwischen den Arten stark unterscheiden. Die Nahrung besteht aus reifen Früchten und Blättern.

### *Große Menschenaffen und Mensch (Familie: Hominidae)*

Orang-Utans (*Pongo*) sind die größten asiatischen Menschenaffen. Sie leben auf den Inseln Borneo und Sumatra. Die Weibchen sind mit einem Gewicht von durchschnittlich 40 kg erheblich kleiner als die Männchen (ca. 80 kg). Orangs leben in hochgelegenen Fluss- oder Sumpfwäldern. Sie bewegen sich vierhändig kletternd in den Bäumen und leben meist einzeln. Reife Früchte, frische Blätter und Rinde sind ihre bevorzugte Nahrung. Aus Nordwest-Sumatra ist sogar der Gebrauch von Werkzeugen (Ast-Haken zum Heranziehen von Bäumen) bekannt.

Gorillas (*Gorilla*) sind die größten noch lebenden (rezenten) Menschenaffen überhaupt und in den tropischen Regenwäldern

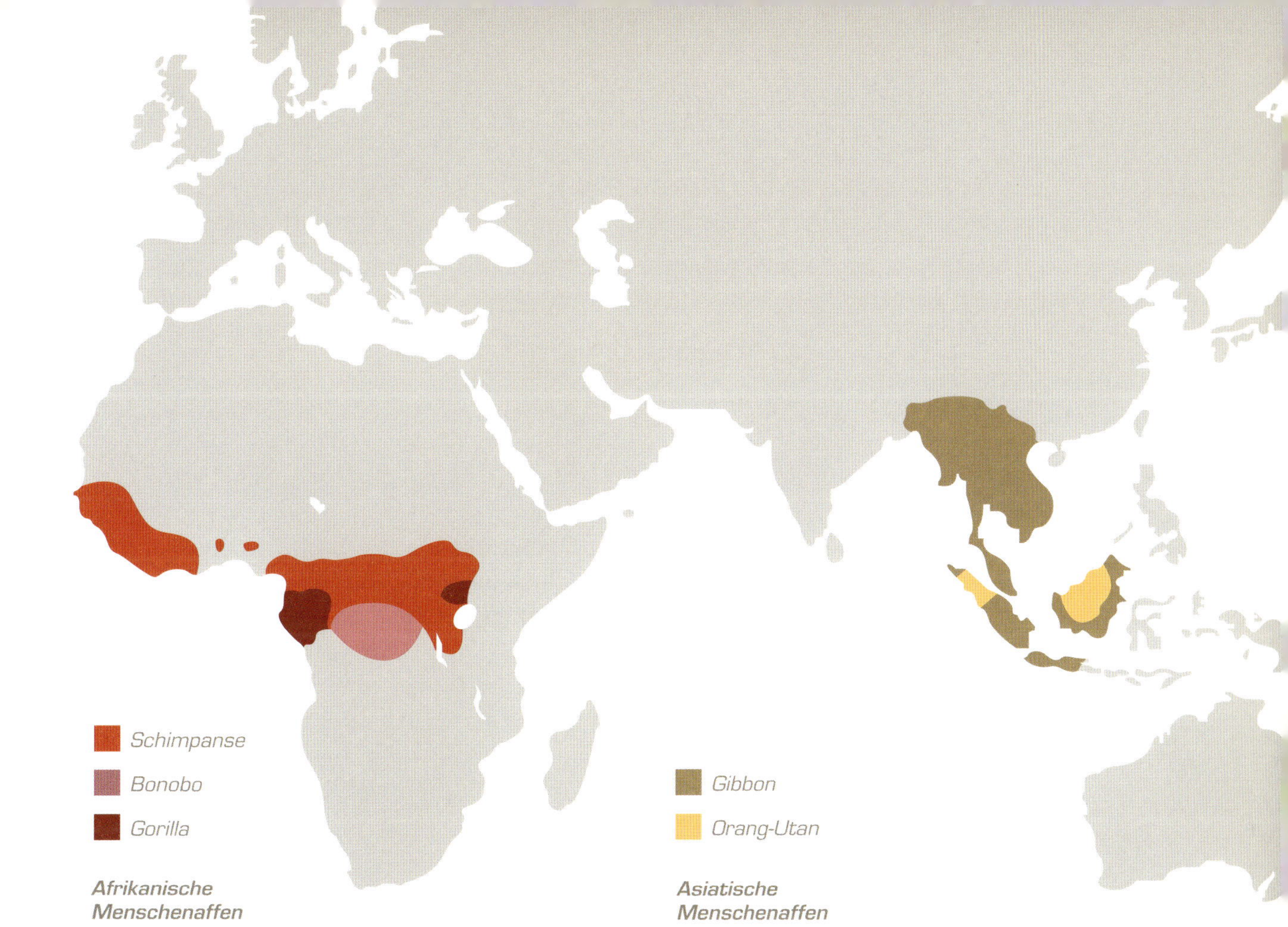


**Geografische Verbreitung der heutigen Menschenaffen** (ohne Mensch)

Zentralafrikas beheimatet. Man unterscheidet zwischen Berg- und Flachlandgorillas. Mit einem Gewicht von bis zu 275 kg sind die männlichen Tiere mehr als doppelt so schwer wie die Weibchen. Ausgewachsene dominante Männchen werden wegen ihres hellgrauen Rückenfells auch als „Silberrücken" bezeichnet. Gorillas leben in Haremsgesellschaften (ein Männchen mit bis zu zehn Tieren), und ihre Nahrung besteht ausschließlich aus Blättern und Pflanzenmark. Sie bewegen sich hauptsächlich auf dem Boden im so genannten Knöchelgang. Auch bei Gorillas wurde schon mehrfach der Gebrauch von Werkzeugen beobachtet.
Schimpansen (*Pan*) stellen die genetisch nächsten Verwandten des Menschen dar und werden in zwei Arten getrennt: gemeiner Schimpanse und Zwergschimpanse (Bonobo). Letztere unterscheiden sich vor allem in ihren Sozialstrukturen. Regenwald und Savanne sind

ihre bevorzugten Lebensräume, was zu einer flexiblen Lebensweise führt. Es bestehen deutliche Geschlechterunterschiede, die aber weniger stark ausgeprägt sind als bei den Gorillas. Die Nahrungsaufnahme erfolgt meist in den Bäumen, die eigentliche Fortbewegung aber auf dem Boden mittels Gehen auf den Fingerknöcheln. Früchte, Nüsse und Blätter sind die wichtigste Nahrung von Schimpansen. Der Verzehr von regelrecht erjagtem Fleisch (meist kleinere Affen) ist ebenso bekannt. Werkzeuggebrauch und die Weitergabe von Methoden zur Werkzeugherstellung (Kultur und Tradition) sind zahlreich belegt und im Hinblick auf die Kulturevolution des Menschen untersucht worden.
Zwar können Gibbons, Gorillas und Schimpansen zeitweise aufrecht gehen, ihr Körperbau eignet sich aber eher für das vierbeinige Gehen oder Klettern in den Bäumen. Erst die Vormenschen entwickelten die skelettalen und muskulären Voraussetzungen für einen dauerhaft aufrechten Gang.

## Vor- und Urmenschen – ein „Who is Who"

Als Hominine bezeichnet man die Gattungsgruppe, welche alle fossilen Menschenarten und den heutigen Menschen miteinander vereinigt. Vor- und Urmenschen (s. u.) werden demnach als „hominin" bezeichnet.

## Wer bin ich? Homininen suchen ihren Platz im Stammbaum

Es gibt auch fossile Vormenschen, deren systematische Zuordnung unsicher ist. So wurden im Jahr 2000 die 6 Millionen Jahre alten fossilen Überreste des so genannten „Millenium Man" oder

***Orrorin tugenensis*** („Der originale Mann von Tugen") in Kenia gefunden. Analysen an Zähnen und Teilen des Körperskeletts veranlassten das französische Entdeckerteam dazu, einen aufrecht gehenden Allesfresser und damit Vorfahren des Menschen zu klassifizieren. ***Ardipithecus ramidus*** wurde 1992 und 1993 in Äthiopien entdeckt. 2001 fand das gleiche Forscherteam weitere Reste eines 5,8 bis 5,3 Millionen Jahre alten Vormenschen, den man der Unterart *Ardipithecus ramidus kadabba* zuordnete und dank der gefundenen Reste des Fußskeletts und der Schädelbasis als Aufrechtgänger identifizieren konnte. Die Rekonstruktion der Lebenswelt zeigt, dass *Ardipithecus* in einem feuchten, bewaldeten Gebiet lebte, was im Zusammenhang mit der Diagnose als Aufrechtgänger die Entstehung der Bipedie in offenen Graslandschaften in Frage stellte.

***Australopithecus anamensis*** (KNM-EP 29281) ist ein 1994 von Meave Leakey, einem Mitglied der weltbekannten, seit Generationen in Afrika grabenden Leakey-Familie gefundener Vormensch, der mit einem Alter von 4,2 bis 3,9 Millionen Jahren ein Mosaik aus ursprünglichen und abgeleiteten Schädelmerkmalen zeigt. Die Rekonstruktion des Lebensraums lässt darauf schließen, dass *anamensis* in einer bewaldeten Uferzone oder einem Galeriewald Zuflucht fand, was ein weiterer Hinweis dafür ist, dass der aufrechte Gang nicht in der Savanne entstand. Möglicherweise ist *anamensis* mit seinen relativ ursprünglichen Merkmalen ein direkter Vorfahre der Art *Australopithecus afarensis*, zu der auch „Lucy" gehört. Der 2,5 Millionen Jahre alte ***Australopithecus garhi*** wurde 1997 in Äthiopien gefunden und stellte eine

### *Australopithecinen*

*Australopithecus* bedeutet „südlicher Affe“ und bezeichnet eine Gattung von afrikanischen Vormenschen. Der Gattungsname wurde 1925 von Raymond Dart etabliert, obwohl das von ihm gefundene südafrikanische Fossil „Kind von Taung“ zunächst nicht als Vorfahr des Menschen anerkannt wurde. Sämtliche *Australopithecus*-Arten gingen aufrecht. Dies ist an den Merkmalen des Körperskeletts und der Lage der Hinterhauptsöffnung am Schädel zu erkennen. Sie waren aber auch gute Kletterer (worauf die gebogenen Fingerglieder schließen lassen), hatten aufgrund ihrer sehr variablen Ernährung eher kleine Backenzähne, reduzierte Eckzähne, ein vorspringendes Gesicht, und ein kleines Gehirn (400 bis 500 Kubikzentimeter). Sie waren etwa 1 bis 1,40 m groß und 30 bis 50 kg schwer. Ihr Lebensraum waren die lichten Zonen der afrikanischen Regenwälder am Rande der sich ausbreitenden Grassavanne. Steinwerkzeuge sind bisher nicht bekannt. Es ist aber anzunehmen, dass sie, ähnlich wie heute lebende Menschenaffen, Werkzeuge wie Grabstöcke, Äste oder unbehauene Steine gebrauchten. Sicherlich verschmähten sie Fleisch in Form kürzlich verendeter Tiere oder Insekten und deren Larven nicht, dennoch waren die Australopithecinen eher Gejagte, die Bäume als Zufluchtsort und während der Nacht aufsuchten. Welche *Australopithecus* Spezies letztlich als Vorfahr der frühen *Homo*-Formen gesehen werden muss, ist nach wie vor ungeklärt.

Überraschung für die Fachwelt dar. Aus Ostafrika waren Fossilien aus dem Zeitraum zwischen 3 und 2 Millionen Jahren – und damit dem Übergang von *Australopithecus* zu *Homo* – bis zu diesem Fund kaum bekannt.

„Abel“ tauften die Fossiljäger den Fund eines 3,6 Millionen Jahre alten ***Australopithecus afarensis*** (KT12 / H1) aus dem Tschad. Er verlagerte das Verbreitungsgebiet dieser Vormenschengruppe sofort um 2.500 km nach Westen und widerlegte damit gleichzeitig zwei Hypothesen: Zum einen die „East-Side-Story“ der exklusiven Entstehung des Menschen in Ostafrika, zum anderen die Evolution des aufrechten Ganges in der offenen Savanne, denn diese Menschenform lebte in einer Uferwaldzone.

Die Art ***Kenyanthropus platyops*** wurde am Lake Turkana in Kenia von der Leakey-Familie gefunden. Der 3,5 Millionen Jahre alte „Flatface“ zeigt einen flachen Gesichtsschädel in Kombination mit einem schimpansenähnlichen Hirnschädel. Die Entdecker selbst vermuten sogar morphologische Ähnlichkeiten mit *Homo rudolfensis* und meinen, man könne diesen in Anbetracht des gefundenen Vorfahren als *Kenyanthropus rudolfensis* klassifizieren. Andere Forscher widersprechen dieser Ansicht.

### *Paranthropinen*

*Paranthropus* („Nebenmensch") bezeichnet eine Fossilgruppe von robusten Vormenschenformen, die in einem Zeitraum von 2,5 bis etwa 0,7 Millionen Jahren in der Grassavanne lebten, aufrecht gingen, kleine Gehirne hatten und auf energiearme hartfaserige und/oder kleinteilig hartschalige Pflanzenkost spezialisiert waren. Sie maßen ca. 1,30 bis 1,50 m und wogen etwa 30 bis 60 kg. Um die Nahrung zu zermahlen, benötigten sie extrem starke Kaumuskeln und stark vergrößerte Backenzähne (mit einer ca. drei bis vier mal so großen Kaufläche wie beim modernen Menschen). Salopp könnte man diese Menschenformen als „aufrecht gehende Grasesser" mit einem mahlwerkartigen Kauapparat bezeichnen. Die Schneide- und Eckzähne sind klein. Schädel- und Zahnmerkmale grenzen sie von den grazilen *Australopithecus*-Arten ab (s.o.). Die Paranthropinen bilden somit den ökologischen „Gegenpol" zu den zeitgleich lebenden frühen Vertretern der Gattung *Homo* (*habilis, rudolfensis*), die sich eher Richtung Allesesser entwickelten und reduzierte Kauapparate sowie größere Hirne aufwiesen.

Die robusten Pflanzenfresser werden einem Seitenzweig am Stammbusch des Menschen zugeordnet, der vor etwa 700.000 Jahren erlischt. Dennoch existierten diese in ihrem Lebensraum hoch spezialisierten Homininen über 1,5 Millionen Jahre. *Homo sapiens* gibt es erst seit 200.000 Jahren. Die Gründe für das Aussterben dieser Menschenformen liegen wahrscheinlich in klimatischen Veränderungen und wachsendem Konkurrenz- und Fressfeinddruck durch spezialisierte Pflanzenesser und Raubtiere, aber auch zeitgleiche modernere *Homo*-Arten (*habilis, rudolfensis*). Die Gruppe um *Paranthropus* konnte aufgrund ihrer hohen Spezialisierung nicht adäquat, d. h. flexibel reagieren und starb aus.

Australopithecinen und Paranthropinen werden zu den so genannten „Vormenschen" gestellt, die zwar aufrecht gingen aber noch wenige Merkmale des modernen Menschen zeigen. Mit dem ersten Auftreten der Gattung *Homo* spricht man von „Früh- und Urmenschen".

### *Gattung Homo*

Die Gattung *Homo* mit den hier chronologisch geordneten Arten *rudolfensis, habilis, ergaster, erectus, heidelbergensis, antecessor, neandertalensis, floresiensis* und schließlich *sapiens* zeichnet sich durch einen klaren evolutionären Trend zur Verkleinerung des Kieferapparates bei gleichzeitiger Hirnvergrößerung und Entwicklung von Werkzeugen sowie Kulturfähigkeit aus. Die frühen Vertreter der Gattung *Homo* sind vermutlich die ersten, die vor ca. 2,6 Millionen Jahren Steinwerkzeuge herstellten und die Nahrungsaufbereitung damit erheblich veränderten. Körperliche Funktionen im Zusammenhang mit der Zerkleinerung und Verdauung von Nahrung wurden in der Folge „nach außen" verlagert. Jeder Fund, der *Homo* zugeteilt wird, muss sich in seinen Merkmalen klar von den Australopithecinen abgrenzen lassen.

Die Evolution dieser Gattung war nicht unkompliziert und geradlinig: Ihre Artenvielfalt zeigt, dass die Entwicklung des Menschen kein gerichteter, eingleisiger Prozess war, sondern – wie bei anderen Säugetiergruppen – mit mehrfachen Artbildungen und Verzweigungen verbunden war. Letzteres manifestiert sich in den nahezu endlos scheinenden Diskussionen um die Systematisierung und Einordnung der Funde aus dem oberen Pliozän, also einem Zeitraum von 2,5 bis ca. 1,8 Millionen Jahren.

## Zwei Beine, ein Meilenstein: der aufrechte Gang

Langer Weg zu Fuß: Dass der aufrechte Gang bereits vor mindestens 3,6 Millionen Jahren voll entwickelt war, beweisen Fußspuren von Vormenschen, die in Laetoli (Tansania, Afrika) in einer radiometrisch datierbaren Gesteinsschicht aus Vulkanasche erhalten geblieben sind. Man geht davon aus, dass die Fährten von Australopithecinen hinterlassen wurden, also von einem Vormenschentyp, wie ihn der Jahrhundertfund „Lucy" repräsentiert. „Lucy" wird aufgrund ihrer Anatomie zweifelsfrei als Aufrechtgänger eingestuft. Die Australopithecinen weisen jedoch vor allem im Armskelett noch Merkmale auf, die mit dem Leben auf den Bäumen in engem Zusammenhang stehen. Ein Übergang zu dauerhaftem Bodenleben wird erst mit dem Erscheinen der Gattung *Homo* verknüpft. Der aufrechte Gang scheint demnach zwar eine notwendige, aber nicht hinreichende Vorbedingung für die Vergrößerung des Gehirns zu sein, denn der so genannte progressive Enzephalisationsprozess erfolgte erst mit dem Erscheinen der Gattung *Homo* 4 bis 2 Millionen Jahre nach dem Auftreten der ersten Aufrechtgänger.

## Konstruktionsänderungen am Skelett

Die körperlichen Anlagen für eine zweibeinig aufrechte Fortbewegungsweise sind bereits bei den Menschenaffen gegeben. Besonders die dem Menschen genetisch am nächsten stehenden Schimpansen bewegen sich regelmäßig und auch gar nicht so selten auf

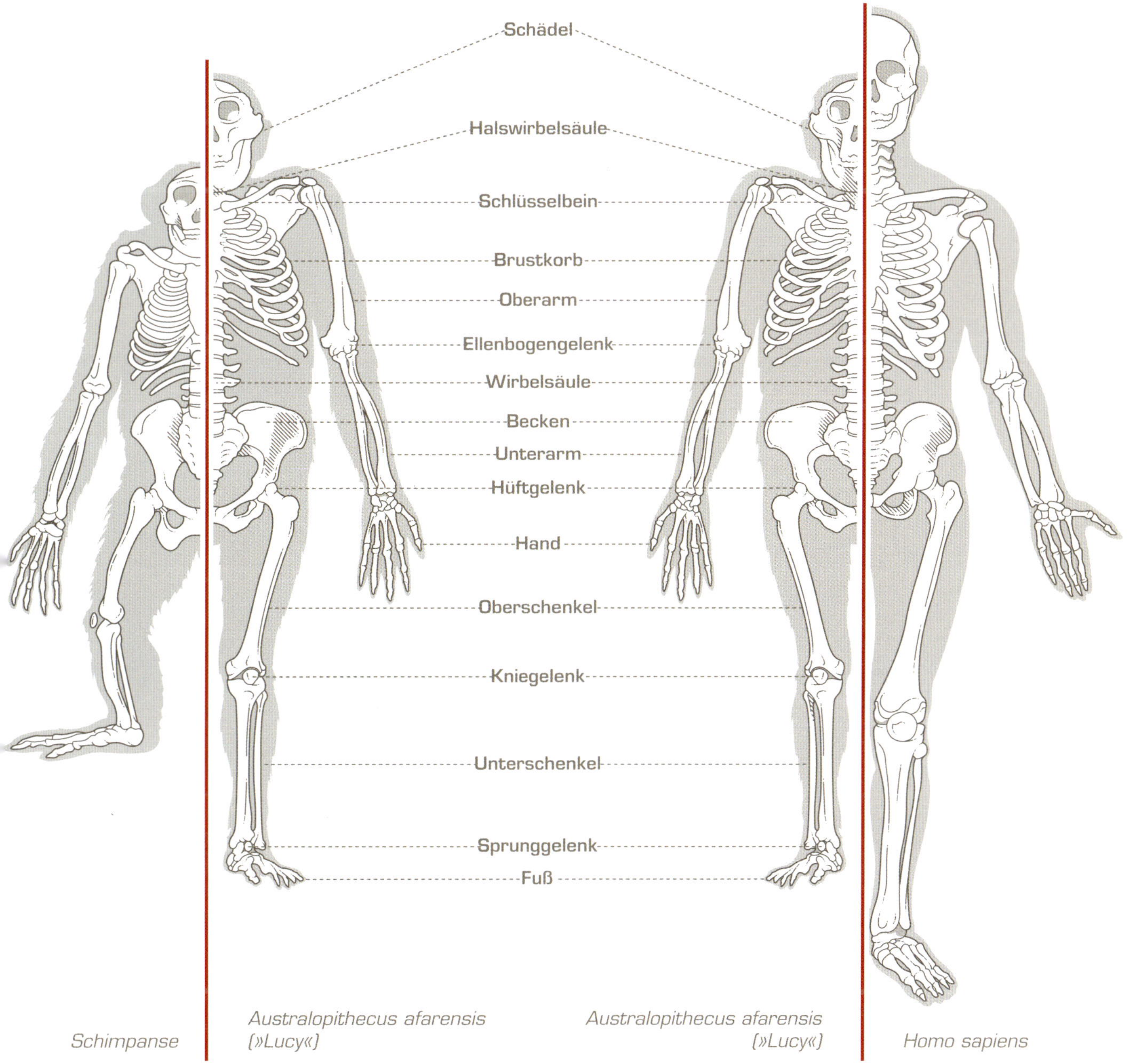


**Skelettvergleich**
Schimpanse und „Lucy"

**Skelettvergleich**
„Lucy" und moderner Mensch

| Anatomische Veränderungen im Zuge der Entwicklung des aufrechten Ganges | | |
|---|---|---|
| **Körperteil** | **Affe** | **Mensch** |
| Schädel | vor dem Körper<br>Hinterhauptsöffnung hinten | balanciert auf der Wirbelsäule<br>Hinterhauptsöffnung unten |
| Fuß | Greiffuß | Standfuß |
| Hand | Hangelhand mit gekrümmten Fingergliedern | Greifhand für Kraft- und Präzisionsgriffe |
| Wirbelsäule | C-förmig | Doppel-S-förmig |
| Schultergürtel (Klettern/Hangeln) | hoch beweglich | weniger hoch beweglich |
| Verhältnis Arme/Beine | Beine kürzer als Arme | Beine länger als Arme |
| Becken | lang und schmal | niedrig und breit |

ihren Hinterbeinen fort. Ein Vergleich zwischen Schimpanse und Mensch bezüglich des Skelettbaus und der Muskelanatomie macht deutlich, welche körperlichen Veränderungen sich bei der evolutionären Entwicklung des aufrechten Ganges ergeben haben.

Das Skelett des Menschen lässt zahlreiche Baueigenschaften erkennen, die in direktem Zusammenhang mit einer dauerhaft aufrechten Fortbewegungsweise (Bipedie) stehen. Beim stehenden Mensch verläuft das Schwerpunktslot durch die Mittelachse des Körpers (siehe Grafik). Die Wirbelsäule sowie die Hüft- und Kniegelenke sind so nahe wie möglich an diese Achse angenähert. Der Kopf ist im Zentrum der Schädelbasis ausbalanciert. Auf diese Weise sind die Hebelkräfte, die beim aufrechten Stand auftreten, klein und der

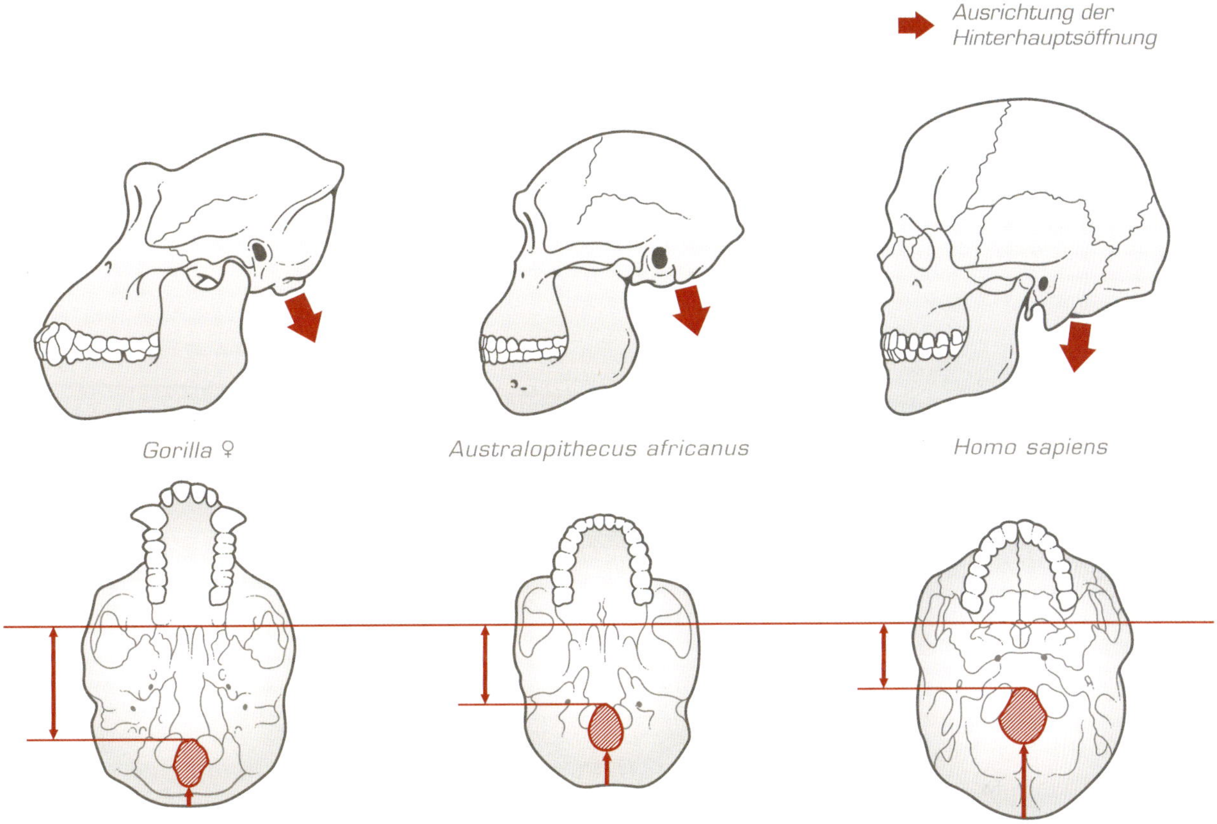


nötige Kraftaufwand, um ihn zu stabilisieren, entsprechend gering. Im Vergleich mit einem Schimpansenskelett lassen sich die im Zusammenhang mit dem aufrechten Gang stehenden Eigenschaften deutlich erkennen.

Um die Füße beim aufrechten Gang unter den Körperschwerpunkt zu bekommen und dabei nicht nach vorne zu kippen, muss ein Schimpanse die Knie beugen und den Rumpf nach vorne neigen. Weil eine das Bein seitlich stabilisierende Beckenmuskulatur fehlt, muss der Schimpanse zudem die Füße breitbeinig nach außen stellen, um ein Wegkippen zur Seite zu verhindern. Die Knie können daher nicht durchgedrückt werden, und der Gang erscheint „watschelnd“ und schwankend. Im Folgenden soll gezeigt werden, an

**Die Lage der Hinterhauptsöffnung bei *Gorilla*, *Australopithecus* und *Homo sapiens*** gibt Auskunft über den Grad des aufrechten Ganges welchen Stellen und in welcher Form sich Umbauten am Skelett des Menschen von Kopf bis Fuß vollzogen, bevor sie dauerhaft aufrecht gehen konnten.

## Veränderungen am Schädel

Dreht man den Schädel eines Menschen um, sieht man unten eine große Öffnung, die so genannte Hinterhauptsöffnung (Foramen magnum). Durch diese Öffnung tritt das Rückenmark in den Schädel ein und geht ins Gehirn über. Während der Entstehung des aufrechten Gangs wurde diese Öffnung nach vorne und in die Mitte verlagert, denn der Kopf ist beim Menschen zentral über der Wirbelsäule ausgerichtet. Schimpansen tragen den Kopf beim vierbeinigen Gehen vor dem Körper, so dass sich die Hinterhauptsöffnung weiter hinten befindet. Auch der Ansatz der Nackenmuskulatur hat sich verändert. Vierbeiner benötigen zur Stabilisierung des vor dem Körper sitzenden Kopfes deutlich stärkere Nackenmuskeln als Zweibeiner. Der Schädel eines *Australopithecus* sieht dem eines Schimpansen äußerlich sehr ähnlich, hat aber bereits eine fast mittig liegende Hinterhauptsöffnung und vergleichsweise kleine Ansatzflächen der Nackenmuskulatur.

**Anders als beim Schimpansen liegen die Wirbelsäule und das Becken des Menschen im aufrechten Stand nahe der Körpermittelachse**

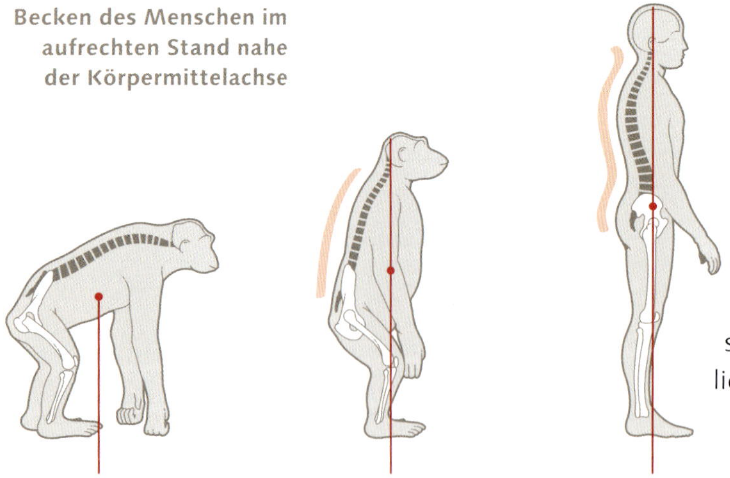

## Die Wirbelsäule

Der Mensch besitzt eine doppel-S-förmig geschwungene Wirbelsäule (siehe Grafik), die aus Gründen des Gleichgewichts möglichst mittig durch den Körper verläuft. Die Krümmungen haben – entgegen der landläufigen Meinung – keine Stoßdämpferfunktion. Dort wo es anatomisch möglich ist, also im Lenden- und Halsbereich, nähert sich die Wirbelsäule an die senkrechte Mittelachse des Körpers an. Im Bereich des flachen Brustkorbs muss die Wirbelsäule zum Rücken hin ausweichen, um lebenswichtigen Organen, wie dem Herz und der Lunge, Raum zu geben. Die Verbindungsstelle zum Becken, das so genannte Kreuzbein, kann ebenfalls wegen der dort liegenden inneren Organe nicht komplett in die Mittelachse wandern. Stattdessen ist es im oberen Bereich so weit nach vorn gekippt, dass die darauf stehenden Lendenwirbel in die Mittelachse geraten. Aus diesen Umständen ergibt sich die doppel-S-förmige Wirbelsäule des Menschen. Rein biomechanisch wäre eine gerade, senkrecht in der Mittelachse verlaufende Wirbelsäule günstiger. Bei Schimpansen nimmt die weit außerhalb der Rumpfmitte liegende Wirbelsäule einen einfach gebogenen, eher C-förmigen Verlauf.

## Das Becken

Das Becken der Schimpansen ist lang und schmal. Die Darmbeinschaufeln sind so ausgerichtet, dass sie der Muskulatur, die das Bein während der Fortbewegung nach hinten zieht, eine Ansatzstelle bietet. Im Gegensatz dazu ist das Becken des Menschen durch niedrige,

**Die Winkelung des Kniegelenkes gibt Auskunft über den Grad des aufrechten Ganges.** Beim Schimpansen sind die Kniegelenke gerade ausgerichtet, während sie bei *Australopithecus* und beim Menschen nach innen abgewinkelt sind.

breite und nach außen gedrehte Darmbeinschaufeln gekennzeichnet. Diese bieten Ansatzflächen für Muskelgruppen, die das Hüftgelenk beim zweibeinigen Gehen auch seitlich stabilisieren. Dies ist besonders dann von Bedeutung, wenn beim Gehen nur ein Bein Bodenkontakt hat. Bei einem Vierbeiner ist diese seitliche Stabilisierung nicht nötig, weil während der Fortbewegung immer mindestens zwei Extremitäten den Körper stützen können. Der Abstand zwischen der Hüftgelenkspfanne und der Verbindungsstelle zur Wirbelsäule, dem Kreuzbein, ist viel kürzer als beim Schimpansen. Auf diese Weise

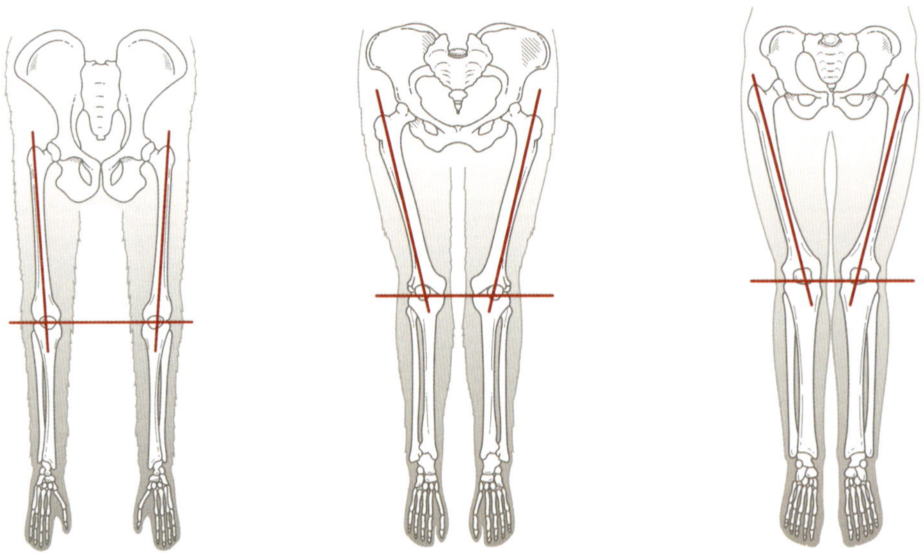

können die Hebelkräfte, die in aufrechter Haltung auf das Becken wirken, klein und der Kraftaufwand, es zu stabilisieren, gering gehalten werden. Für einen Schimpansen, dessen Becken diese Eigenschaft nicht besitzt, ist der Kraftaufwand beim zweibeinigen Gehen daher viel höher und der aufrechte Gang weniger effizient. Die Verkürzung des Abstands zwischen Hüftgelenk und Kreuzbein ist zwar biomechanisch sinnvoll, hat aber den Nachteil, dass sich dadurch der Geburtskanal verengt.

### Beine und Füße

Die Beine des Menschen sind im Verhältnis zum Rumpf viel länger als beim Schimpansen. Diese Verlängerung wirkt sich zwar positiv auf die Schrittweite und somit auf die Effizienz des Gehens aus, ist aber von Nachteil für eine kletternde bzw. schwinghangelnde Fortbewegungsweise. Die Oberschenkel weisen beim Menschen leicht schräg nach innen, während die Unterschenkel senkrecht stehen. Dadurch entsteht ein kleiner Knick im Kniegelenk, der zu einer zwangsläufig leichten „X-Beinstellung" führt. Durch diese Konstellation, die beim Schimpansen nicht existiert, kann der Fuß während eines Schrittes leichter unter den Körperschwerpunkt gesetzt werden. Die Zehen sind beim Menschen kurz, während der restliche Fuß lang ist, so dass sich eine für die Fortbewegung günstige Hebellänge ergibt. Zu seiner Stabilisierung und zur Druckabfederung besitzt er die Form eines Gewölbes (Quer- und Längsgewölbe). Der große Zeh weist in die gleiche Richtung wie die anderen Zehen und kann nicht abgespreizt werden. Der Fuß kann also nicht mehr zum Umgreifen von Ästen und Stämmen genutzt werden.

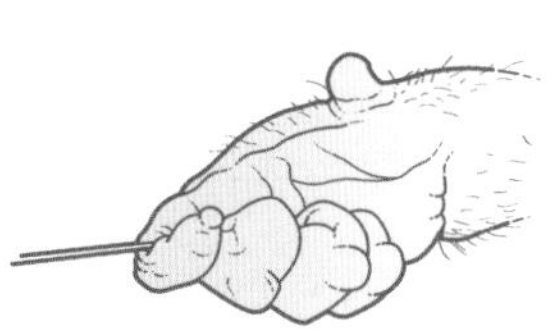

*„Double-Lock"-Griff Einrasten der Fingerglieder untereinander und in der Handfläche: „doppelte Klemme"*

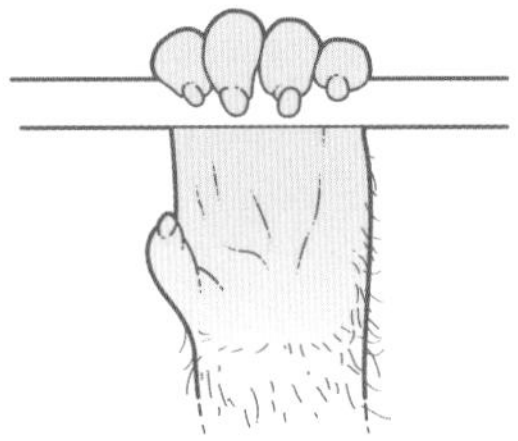

*Haken-Griff des Orang Utan*

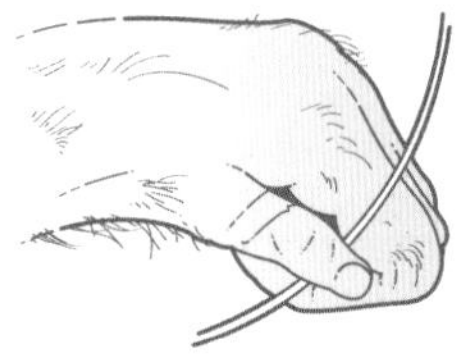

*Präzisions-Quetsch-Griff*

**Griffarten von Menschenaffen**

Durch diese Abwandlungen wird der Fuß auch in sich weniger beweglich, und ein stabiles Fußgewölbe entwickelt sich. Gleichzeitig wird die Hebelwirkung des Fußes durch eine kontinuierliche Verlängerung der Mittelfußknochen bei gleichzeitiger Verkürzung der Zehen verbessert.

## Arme und Hände

Im Verhältnis zum Rumpf und zu den Beinen besitzen Schimpansen lange Arme. Sie eignen sich zum Klettern und zum Hangeln im Geäst von Bäumen. In diesem Zusammenhang steht auch der Bau der Hände: Die Fingerknochen sind lang und zur Handfläche hin gebogen, der Daumen ist kurz. Dagegen sind die Finger des Menschen kürzer und nicht gebogen. Der Daumen kann den restlichen Fingern gegenübergestellt werden. Dies eröffnet Möglichkeiten zu diversen feinmotorischen Griffen, wie dem sogenannten Pinzettengriff zwischen Daumen und Zeigefinger (siehe Grafik Seite 68).

## Vom Vierbeiner zum Zweibeiner

Die Unterschiede im Bewegungsapparat von Menschenaffe und Mensch helfen uns zu verstehen, welche Umbauten auf dem evolutionären Weg vom Vierbeiner zum Zweibeiner vonstattengehen mussten. Die Übergangsphase ist bislang allerdings nur schlecht durch Fossilien dokumentiert: Denn „Lucy" ist bereits ein Aufrechtgänger, während die bekannten fossilen Menschenaffen zweifelsfrei Vierbeiner waren. Bei der äußerst geringen Funddichte fossiler Vormenschen insgesamt und speziell aus dieser evolutionären Entwick-

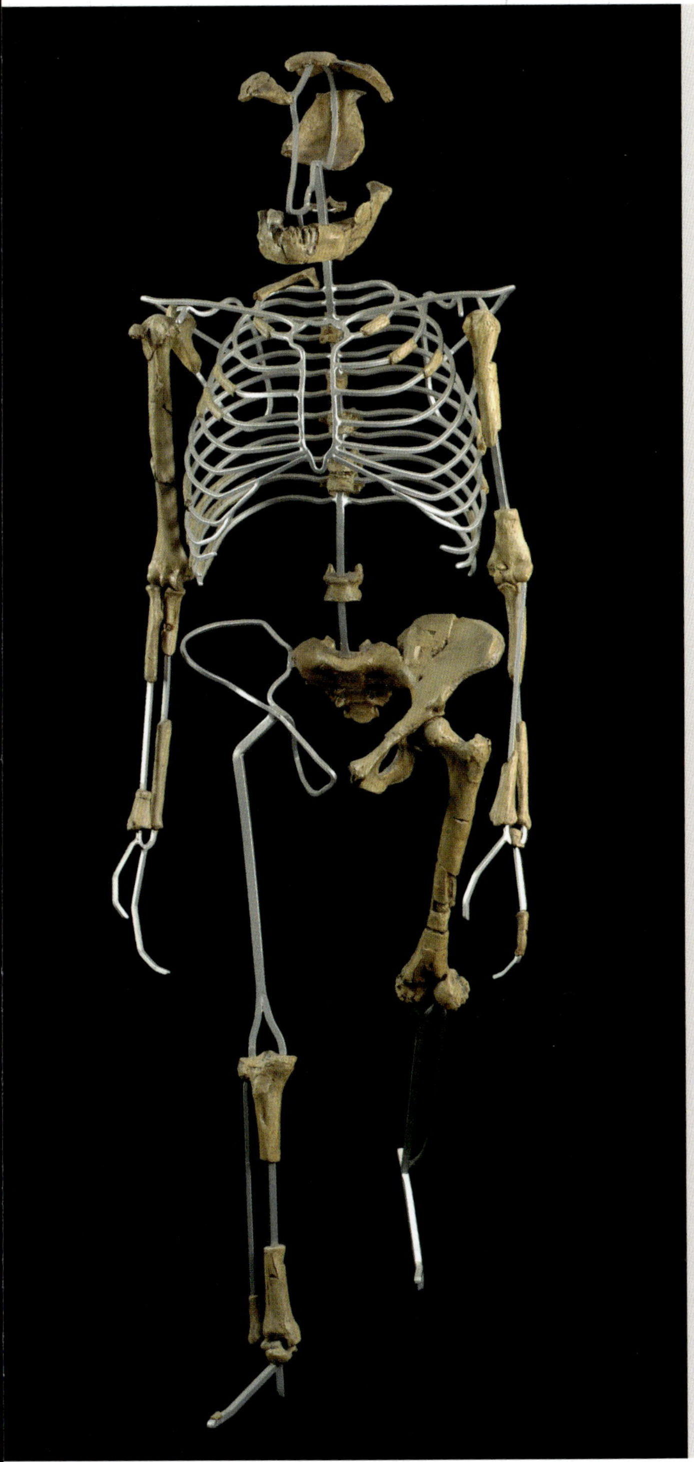

## „Lucy" geht voran

Das *Australopithecus*-Skelett „Lucy" weist bereits die wichtigsten Eigenschaften für einen aufrechten Gang auf. Allerdings sind diese noch nicht so stark ausgeprägt wie beim anatomisch-modernen Menschen, und die ursprünglichen affenähnlichen Merkmale, die im Zusammenhang mit einer Fortbewegung in den Bäumen stehen, sind noch deutlich erkennbar.

Der Schädel eines *Australopithecus* sieht einem Schimpansenschädel sehr ähnlich. Es gibt aber Unterschiede, die den aufrechten Gang bestätigen: Die Hinterhauptsöffnung liegt bereits mehr in der Mitte, und die Muskelansatzfläche am Hinterhaupt eines *Australopithecus* ist kleiner als bei einem Schimpansen. Wie gut der Hominine aber aufrecht gehen konnte, sieht man erst am Körperskelett. In einer Grabungskampagne im Jahre 1973 wurde das Kniegelenk eines *Australopithecus afarensis* gefunden. Dieses sah auf den ersten Blick in Größe und Form wie das eines Schimpansen aus. Genauer betrachtet ähnelte es aber eher dem eines heutigen Menschen – es war nur kleiner. Entscheidend ist die so genannte physiologische X-Beinstellung (s.o.). Im Jahr darauf, 1974, fand man im selben Grabungsgebiet schließlich das zu etwa 40 Prozent erhaltene Skelett von „Lucy", ebenfalls ein *Australopithecus afarensis*. Das Fossil – nach dem Beatles-Hit „Lucy in the sky with diamonds" benannt – zeigt weitere Beweise für einen fortgeschrittenen aufrechten Gang: Das Becken ist breit und flach, so dass die Muskulatur nicht nur hinten ansetzt, sondern um das Bein herum angeordnet ist und somit das Hüftgelenk auch nach der Seite und nach vorne stabilisiert. Auch die Ausrichtung des Kreuzbeines ist charakteristisch nach innen geneigt (s.o.). „Lucy" zeigt in Anpassung an die Schwerpunktverlagerung bereits erste Anzeichen eines Umbaus vom tonnenförmigen Brustkorb des Schimpansen zum flachen Brustkorb des Menschen. Die kurzen Beine und das Armskelett lassen aber auch darauf schließen, dass *Australopithecus afarensis* durchaus noch ein guter Kletterer war, der bei Gefahr mit größter Wahrscheinlichkeit Zuflucht in den Bäumen suchte und dort auch die Nächte verbrachte.

lungsphase ist es auch nicht zu erwarten, dass ausgerechnet Übergangsformen gefunden werden.
Aus diesem Grund kann der evolutionäre Entwicklungsweg vom Vierbeiner zum Zweibeiner nur anhand der anatomischen und biomechanischen Kenntnisse von heutigen Menschenaffen und Menschen rekonstruiert werden. Bei einem solchen Evolutionsmodell müssen alle hypothetischen Zwischenstadien funktionstüchtig und ineinander überführbar sein. Als Ausgangspunkt eignet sich ein Vorläufer, der ähnlich wie ein Schimpanse gebaut sein musste, und entsprechend fähig war, zeitweise zweibeinig zu laufen.

## Bewegende Statik

Die Verbesserung der zweibeinigen Fortbewegungsweise begann wahrscheinlich mit Veränderungen am Becken. Denn eine allmähliche Verkürzung des Abstandes zwischen der Hüftgelenkspfanne und der Verbindung zur Wirbelsäule über das Kreuzbein führt zu einer senkrechten Stauchung des Beckens und verringert dadurch die beim aufrechten Gang auftretenden Hebelkräfte. Durch eine zunehmende Kippung des oberen Endes des Kreuzbeins nach vorne verlagert sich die Wirbelsäule sukzessive soweit wie möglich in die Körpermitte: Die Doppel-S-Form der Wirbelsäule entsteht. Gleichzeitig mit der Verlagerung der Wirbelsäule in Richtung Körpermitte muss sich auch der Krümmungsradius der Rippen ändern, so dass diese nicht mehr wie bei der Ausgangsform seitlich an der Wirbelsäule ansetzen, sondern schräg von hinten. Im Zuge dieser Abwandlungen flacht sich der ehemals tonnenförmige Brustkorb allmählich ab.

**Laufend Vor- und Nachteile**

Die anatomischen Veränderungen, die zu einer Verbesserung des aufrechten Ganges führen, haben große Vorteile, können sich aber auf andere Lebensleistungen nachteilig auswirken.

**Vorteile des aufrechten Ganges:**

- ökonomische Dauerfortbewegung bei vergleichsweise niedrigen Geschwindigkeiten; im Vergleich zum Knöchelgang des Schimpansen spart der Aufrechtgänger ca. 75 Prozent Energie
- großer Aktionsradius
- Hände sind unabhängig von der Fortbewegung und können für manipulative Fertigkeiten weiter entwickelt werden, die schließlich die Möglichkeiten der Werkzeugherstellung verbessern
- freie Arme können zum Tragen von Nahrung, Gegenständen und Kleinkindern genutzt werden

**Nachteile des aufrechten Ganges**

- geringe Beschleunigungsleistung gegenüber reinen Vierbeinern (z.B. Raubkatzen, Hyänen); ein Mensch erreicht sprintend eine Geschwindigkeit von höchstens 36 km/h, während Raubkatzen 60 bis 100 km/h schnell sind
- verengter Geburtskanal in Kombination mit der Kopfgröße des Säuglings erschwert den Geburtsvorgang
- gegenüber Menschenaffen eingeschränkte Kletterfähigkeit durch lange Beine, fehlenden Greiffuß und verringerte Beweglichkeit des Schultergürtels

All diese Veränderungen verringern die beim aufrechten Gang auftretenden Hebelkräfte und damit den Kraftaufwand, diese Körperhaltung zu stabilisieren. Im Zuge dieser Entwicklung wird es immer weniger notwendig, die Knie anzuwinkeln, um die Füße unter das Schwerpunktslot zu bringen. Schließlich können die Knie voll durchgedrückt werden. Dadurch kann das Knie des Standbeins während eines Schrittes nahezu ohne Kraftaufwand stabil gehalten werden, was die Fortbewegungsökonomie erhöht. Die Fortbewegung mit durchgedrückten Knien ist bei vergleichsweise geringen Geschwindigkeiten sehr energiesparend und daher beim Überwinden großer Distanzen von erheblichem Vorteil.
Während der beim zweibeinigen Gehen auftretenden Einbeinstandphasen tendiert das Becken dazu, seitlich abzukippen. Eine allmähliche Verbreiterung jener Beckenteile (Darmbeinschaufeln), an denen Muskelgruppen (Glutaeusmuskulatur) ansetzen, die bei der Ausgangsform das Bein nach hinten ziehen, bringt diese in eine Position, in der sie das Hüftgelenk auch seitlich und nach vorn stabilisieren können. Während bei der Ausgangsform mangels seitlicher Stabilisierung ein breitbeiniger Gang nötig war, können die Beine durch die beschriebene allmähliche Abwandlung beim aufrechten Gang mehr und mehr nach innen unter den Körper verla-

**Anatomische Unterschiede der Hände von Menschenaffen und Mensch.** Gibbon und Orang-Utan hangeln hauptsächlich (lange, gebogene Finger), Schimpansen klettern und laufen auf den Knöcheln (längere Finger als Gorilla). Gorillas bewegen sich fast ausschliesslich auf dem Boden im Knöchelgang (kurze Finger). Der Mensch besitzt eine multifunktionale Greifhand (siehe unten) ohne Fortbewegungsaufgaben (langer Daumen, der den übrigen Fingern gegenübergestellt werden kann).

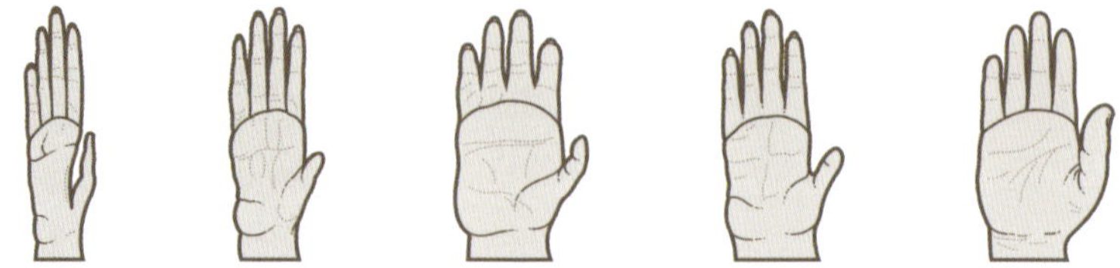


gert werden. Durch eine allmähliche Knickung im Kniegelenk und damit einer leichten „X-Beinstellung" kann der Fuß während eines Schrittes mehr und mehr in den Körperschwerpunkt gebracht werden. Eine Verlängerung der Beine wirkt sich schließlich positiv auf die Schrittweite und damit auf die Fortbewegungsökonomie aus.

## Die Hand wird unabhängig

Mit zunehmender Bipedie werden die Hände schließlich immer mehr aus der Fortbewegung herausgenommen, bis sie letztlich gar keine lokomotorischen Aufgaben mehr erfüllen: Von nun an kann sich die Hand unabhängig weiter entwickeln. Auch geht mit zunehmender Aufrichtung eine Verlagerung der Hinterhauptsöffnung in die Mitte der Schädelbasis bei gleichzeitiger Verkleinerung der Nackenmuskulatur einher. Der Weg vom vier- zum zweibeinigen Auftritt ist vollendet.

Die Auslöser für die Evolution des aufrechten Ganges sind noch nicht abschließend geklärt. Sicher ist, dass zur Zeit, als sich der aufrechte Gang entwickelte, klimatische Veränderungen auftraten, die sich auf den Lebensraum und das Nahrungsangebot der Vormenschen auswirkte.

**Griffarten des Menschen**

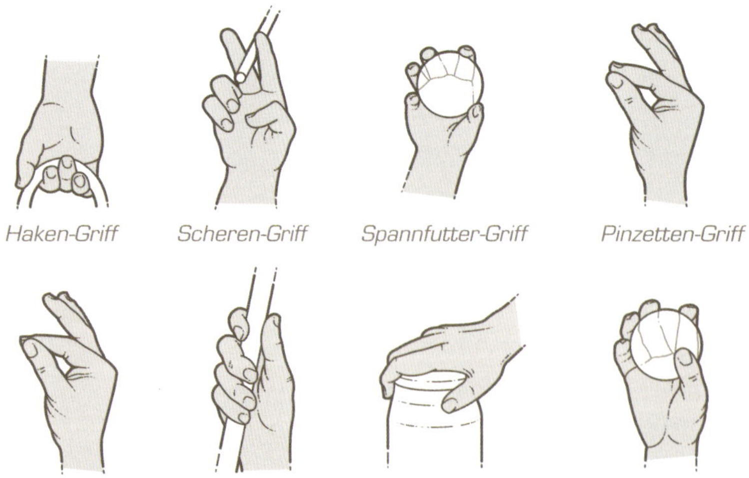

**Aufrechter Kerl mit kleinem Hirn**

Dass der aufrechte Gang nicht zwangsläufig zu einer Vergrößerung des Gehirns führt, kann an *Paranthropus* verdeutlicht werden. Er ist ein aufrecht gehender „Vetter" des Menschen, der sich, ausgehend von einem australopithecinen Vorfahren, parallel zur menschlichen Evolutionslinie entwickelte. Im Fall von *Paranthropus* hat sich das eher omnivore Gebiss (omnivor = „Allesesser") der australopithecinen Vorläufer zu einem Pflanzenessergebiss mit stark vergrößerten Mahlzähnen und einer gewaltigen Kaumuskulatur entwickelt, das sich – ähnlich wie bei Gorillas – zum Zerkauen harter, faseriger und kleinteiliger Pflanzennahrung eignet. Paranthropinen waren daher Spezialisten, die auch in Trockenzeiten die energiearmen Pflanzen an ihrem Standort nutzen konnten. Weil der Kopf wegen des aufrechten Ganges nicht vor, sondern über dem Körper getragen wird, sind die Ansatzflächen der Nackenmuskulatur an der Schädelbasis nach unten gerichtet und nicht so groß wie beim Gorilla. Wegen des mächtigen Kauapparates besitzt *Paranthropus* einen stark ausgeprägten Scheitelkamm, an dem die Kaumuskeln ansetzen. Der Vergrößerung des Gehirns sind dadurch mechanisch Schranken gesetzt – sein Volumen liegt bei maximal 530 $cm^3$.

Möglicherweise kann der aufrechte Gang als eine Reaktion auf dieses Ereignis gesehen werden. Wahrscheinlich entwickelte sich der aufrechte Gang auch mehrfach unabhängig voneinander und an unterschiedlichen Orten.

## Das „be-greifende" Wesen

Der aufrechte Gang ermöglichte neue Entwicklungen – sowohl anatomischer, als auch physiologischer Art. Denn durch die hohe Effizienz dieser Fortbewegung kann die eingesparte Energie – ca. 75 Prozent gegenüber einem aufrecht gehenden Schimpansen – für andere Zwecke genutzt werden, beispielsweise zur Versorgung des Gehirns. Auch anatomisch ergeben sich neue Entwicklungsmöglichkeiten: Da die Hände nicht mehr für die Fortbewegung gebraucht werden, können sie bezüglich anderer Aufgaben „umkonstruiert" werden, vor allem im Zusammenhang mit der Verbesserung der Manipulationsmöglichkeiten. Letzteres ist im wahrsten Sinne des Wortes zu verstehen: Denn der Mensch wird durch das Freiwerden der Hand zum hand-elnden, be-greifenden Wesen. Dies wiederum ist offenbar eine notwendige Voraussetzung für die Entwicklung des Gehirns und der mit ihm in Verbindung stehenden Informationsverarbeitung (Kognition). Solange die Hände für die Fortbewegung gebraucht werden, ist der Bau der Hand dagegen immer ein Kompromiss zwischen Ansprüchen an die Fortbewegung und Ansprüchen der Manipulationsfähigkeit.

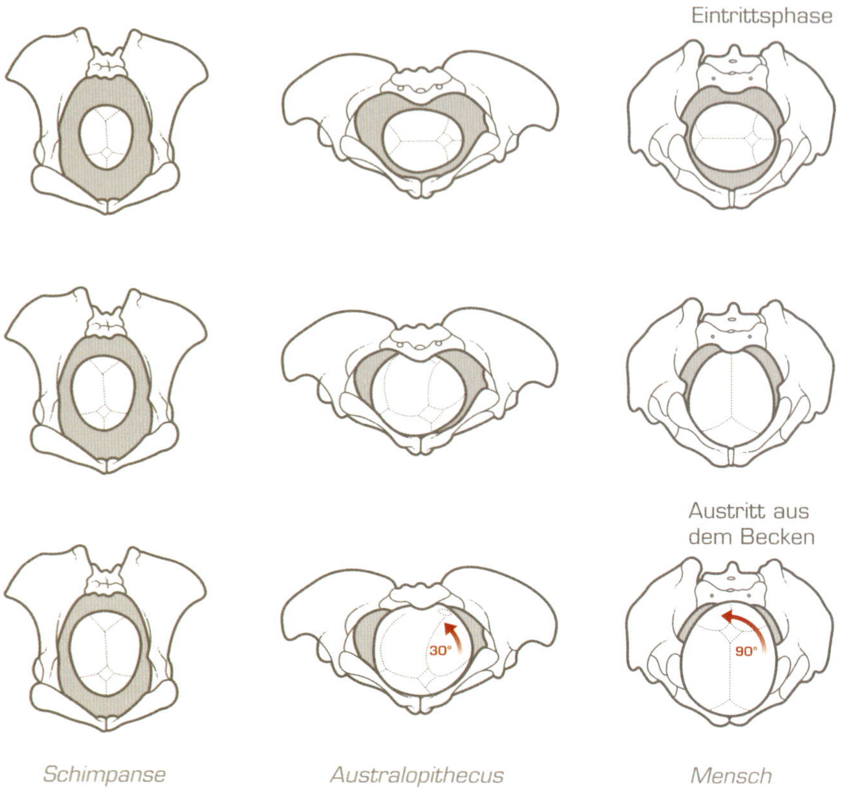


**Größenverhältnis zwischen Kindskopf und Geburtskanal.** Beim Schimpansen muss sich der Kopf des Kindes beim Passieren des Geburtskanals nicht drehen, bei *Australopithecus* um ca. 30° und beim Menschen um ganze 90°.

## Schwere Geburt – das wachsende Gehirn

Hat sich der aufrechte Gang vor mindestens 4 Millionen, vielleicht sogar vor 7 Millionen Jahren entwickelt, blieb das Hirn trotzdem noch lange Zeit klein wie bei einem Schimpansen. Die progressive Vergrößerung des Gehirns beginnt erst mit der Gattung *Homo* vor etwa 2,5 Millionen Jahren – es gibt also viele Generationen von Vormenschen, die kaum eine Hirnvergrößerung aufweisen. Eine der möglichen Ursachen für diese lange Zeitspanne könnte sein, dass es durch die im Zusammenhang mit dem aufrechten Gang stehenden Veränderungen am Becken zu einer Verengung des Geburtskanals kam.

Ein komplett ausgereiftes Gehirn würde dazu führen, dass der Kopf bei der Geburt nicht mehr durch das Becken passt und Mutter und Kind sterben müssten. Dafür gibt es nur eine Lösung: das Kind in einem früheren Entwicklungsstadium, in dem der Kopf noch kleiner ist, zu gebären. Das führt zwangsläufig dazu, dass der Säugling ver-

gleichsweise hilflos ist und großer Fürsorge bedarf. Eltern sind dadurch stärker gebunden, und die Kinder müssen länger getragen werden, was Auswirkungen auf die Sozialstruktur, nämlich die Versorgung und den Schutz der Kinder durch Eltern und Gruppenangehörige, hat. Beim Menschen ist die Phase der Kindheit extrem verlängert: etwa 16 Jahre gegenüber dem Schimpansen, bei dem sie nur etwa 8 Jahre dauert. Dies ermöglicht eine verlängerte Lehr- und Lernphase, die wiederum die Kulturfähigkeit und Weitergabe von erlerntem Gruppenwissen und Sozialverhalten begünstigt, also Tradition im weitesten Sinne.
Die Informationsweitergabe von Generation zu Generation ist eine Eigenschaft, die dem Menschen einen unglaublichen evolutionären Vorteil brachte, insbesondere im Zusammenhang mit der Entwicklung der Sprache und schließlich auch der Schrift. All dies kann jedoch nur gewährleistet werden, wenn die Jungen mit ausreichend Nahrung versorgt werden und in Sicherheit aufwachsen können. Die Frage ist also: Unter welchen Bedingungen konnten sich die Vormenschen eine generelle Hirnvergrößerung und eine „Frühgeburt" leisten?

## Überleben mit Köpfchen

Die progressive Hirnvergrößerung (Encephalisation) geht einher mit den ältesten Steinwerkzeugen, die neue Möglichkeiten des Nahrungserwerbs eröffnen. Das gilt insbesondere für energiereiche Nahrungsquellen und damit auch für die Nutzung von Ressourcen, die vorher nicht zugänglich waren (z.B. das Aufschlagen von Knochen und damit die Gewinnung von Knochenmark). Diese

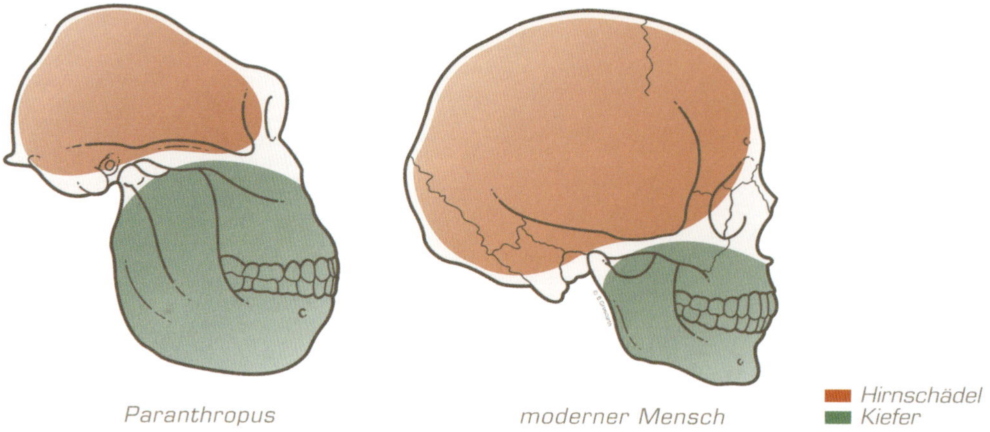


**Verhältnis von Hirnschädelgröße und Kiefer** bei *Paranthropus* und modernem Menschen. Zugunsten extremer Kaukräfte und aus biomechanischen Gründen blieb das Gehirn bei *Paranthropus* klein. Beim modernen Menschen ist der Kauapparat reduziert und das Gehirn extrem vergrößert (siehe Text).

Entwicklung zum Allesesser war von großem Vorteil, weil sich vor 2,5 Millionen Jahren die klimatischen Bedingungen in Afrika drastisch änderten: Es wurde trockener, Wälder verschwanden und Grasland (Savanne) dehnte sich aus. Das Leben in der Savanne ist durch Saisonalität gekennzeichnet, denn in Regenzeiten gibt es Nahrung in Hülle und Fülle, während in Trockenzeiten Nahrung knapp ist. Diesen Veränderungen mussten sich die frühen Menschen anpassen. Die damaligen Vertreter der Gattung *Homo* ergänzten ihre Nahrungspalette daher um tierisches Eiweiß und gebrauchten zunehmend Steinwerkzeuge, was zur Reduktion des Kauapparates führte.

Letzteres hat wiederum direkte Auswirkungen auf die Gehirnentwicklung. Denn die Gehirngröße muss immer einen biomechanischen Kompromiss mit der Kaumuskulatur eingehen. Ist viel Kraft für das Kauen von Blättern oder harter Pflanzennahrung erforderlich (wie z.B. bei Gorillas), sind gewaltige Kaumuskeln vonnöten. Diese wiederum benötigen starke Ansatzstellen am Hirnschädel, dessen Ausdehnung dadurch limitiert wird. Beim männlichen Gorilla reicht nicht einmal die Fläche des Hirnschädels, so dass er eine Art Knochenkamm längs des Schädeldaches trägt. Die Muskulatur nimmt umso mehr ab, je mehr die Nahrung mit Werkzeugen aufbereitet ist und weniger mit den Zähnen zerkleinert werden muss. Dieser Rückgang der Größe der Kaumuskulatur und des Gebisses geht also direkt mit der verstärkten Nutzung von Werkzeugen einher, die sozusagen eine „vorverdauende Funktion" erfüllen. Der vorstehende Kiefer (Prognathie)

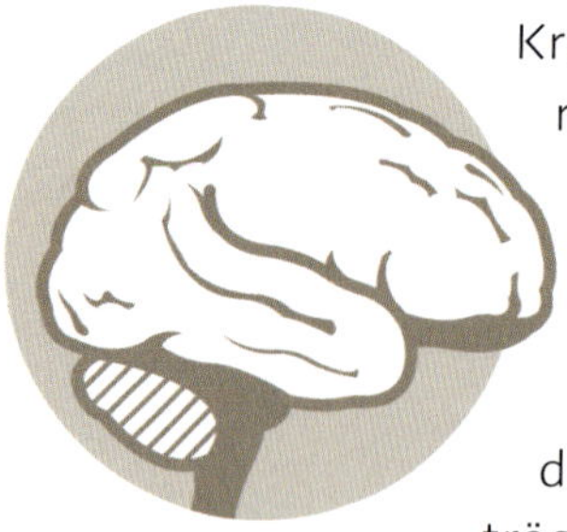

bildet sich damit sukzessive zurück – noch verstärkt durch die Nutzung des Feuers zum Garen von Nahrung. Denn durch das Erhitzen wird die Bearbeitung der Speise durch die Zähne weniger aufwendig.

Die Reduktion der Kaumuskulatur im Zuge der Erschließung energiereicher Nahrung, die Verwendung von Steinwerkzeugen sowie die Verkleinerung der Nackenmuskulatur durch den aufrechten Gang führen also letztlich dazu, dass sich der Mensch eine Vergrößerung des Hirns „leisten" kann. Durch die neuen Ernährungsmöglichkeiten stehen zudem das Material (Eiweiß) und die Energie – 25 Prozent der Gesamtenergie zieht beim heutigen Menschen das Gehirn ab – zur Verfügung, um ein großes Gehirn zu „bauen" und zu „versorgen". Die Entwicklung zum Allesesser war eine notwendige Voraussetzung, um den höher werdenden Energiebedarf zu decken. Die Verfügung über ausreichend Nahrung bzw. Energie brachte damit die Sicherheit, die eine „Frühgeburt" und lange Abhängigkeit unbedingt benötigen. Nachteil heute: Der Bedarf an Energie führt dazu, dass wir noch immer fett- und zuckerreiche Nahrung bevorzugen – und ein zu hohes Maß zu Übergewicht führt, das im Zusammenhang mit mangelnder Bewegung längst zu einem großen Problem moderner Gesellschaften geworden ist.

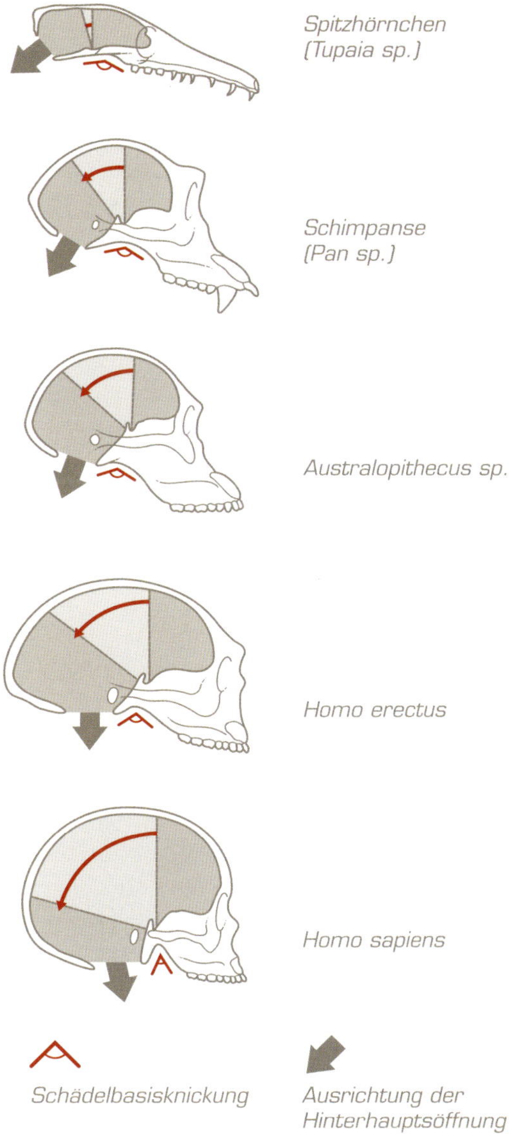


**Neuorientierung der Hinterhauptsöffnung** und Veränderung der Schädelbasisknickung im Zuge der Gehirnvergrößerung, insbesondere die „Aufrollung" der Großhirnrinde (Neocortex)

**Die Untersuchung der Homininengehirne**

Die Gehirngröße eines Urmenschenschädels wurde früher ermittelt, indem man den Hohlraum, in dem das Gehirn lag, mit Linsen oder Senfkörnern auffüllte. Das Volumen in Kubikzentimeter ersah man anschließend mit Hilfe eines Messzylinders. Heute werden die Schädel per Computertomografie in Schichten geröntgt und die Volumina durch ein Computerprogramm rechnerisch ermittelt. Ein weiterer Vorteil dieser Technik ist die Sichtbarmachung der inneren Strukturen eines Hirnschädels.

Die Form der Hirnoberfläche und der Blutgefäße, welche die Hirnhäute versorgen, zeichnet sich an den Innenwänden des Schädels ab. Um diese Strukturen abzubilden, gießt man den Hohlraum dünn mit Latex aus und füllt die so entstehende Hohlform mit einem erhärtenden Material, wie Gips oder Kunstharz. Anatomische Strukturen können anschließend direkt beurteilt werden. Während beispielsweise die seitlich im Hirn liegende „Broca-Region", die mit der motorischen Lautbildung im Zusammenhang steht, schon bei einigen Australopithecinen bereits etwas ausgeprägter erscheint, ist die „Wernicke-Region", die bei der Sprachwahrnehmung aktiv ist, erst bei *Homo habilis* deutlich zu erkennen und ein stark vergrößerter Frontallappen, der wohl bei planenden und ausführenden Gehirnfunktionen erforderlich ist, ist erst bei *Homo sapiens* zu verzeichnen. Die Frage bei der Interpretation des morphologischen Wandels im Gehirn: Hat sich nur die Form gewandelt oder auch die Funktion?

## Es kommt nicht (nur) auf die Größe an

Bezüglich der Sonderstellung des Menschen im Tierreich wird häufig das große Gehirn angesprochen. Wale und Elefanten besitzen allerdings weitaus größere Hirne als der Mensch. Schaut man sich dagegen das Verhältnis zwischen Hirngröße und Körpergewicht an, steht der Mensch schon weitaus besser da. Aber auch in dieser Hinsicht wird er z.B. von den Spitzmäusen geschlagen. Dies ist aber insofern nicht verwunderlich, weil das Verhältnis zwischen Gehirngröße und Körpergewicht nicht linear zur Körpergröße wächst. Das heißt: Große Tiere haben zwar ein größeres Gehirn als kleine, die kleinen haben aber relativ zum Körpergewicht größere Gehirne. Wird dies zu Grunde gelegt, liegt der Mensch mit seiner Hirngröße um das Dreifache über dem für sein Körpergewicht zu erwartenden Wert!

Hatten die Australopithecinen Hirnvolumina von ca. 400 bis 500 cm$^3$, was mit der Hirngröße eines Schimpansen vergleichbar ist, zeigt sich mit dem Erscheinen der Gattung *Homo* ein rasantes Wachstum: *Homo habilis* weist ca. 600 bis 800 cm$^3$, *Homo erectus* zwischen 850 und 1.100 cm$^3$ und *Homo sapiens* ca. 1.100 bis 1.350 cm$^3$ auf. Neandertaler und *Homo erectus* hatten mit bis zu 1.600 cm$^3$ sogar größere Hirnvolumina als der moderne Mensch.

## Tool-Time – der Gebrauch von Werkzeugen

Erfinderisch: Auch Große Menschenaffen (Orang-Utan, Gorilla und Schimpanse) erschaffen und gebrauchen Werkzeuge und „unterrichten" die jüngeren Tiere über Herstellung und Anwendung. Dazu nutzen sie einfache Werkzeuge aus Naturmaterialien, wie Äste, Zweige, Blätter, Rinde, Grashalme und Steine: So werden Termiten und Ameisen „geangelt"; Blätter dienen als „Waschlappen" oder „Schwamm"; mit Ast-Hammer und Stein-Amboss werden Nüsse geknackt, mit Stöcken die Wassertiefe beim Durchwaten eines Flusses ermittelt und mit einem Ast-Haken Bäume herangezogen. Diese Freiland-Beobachtungen lassen vermuten, dass auch Vormenschen lange bevor das erste bearbeitete Steinwerkzeug entstand, Werkzeuge dieser Art nutzten.

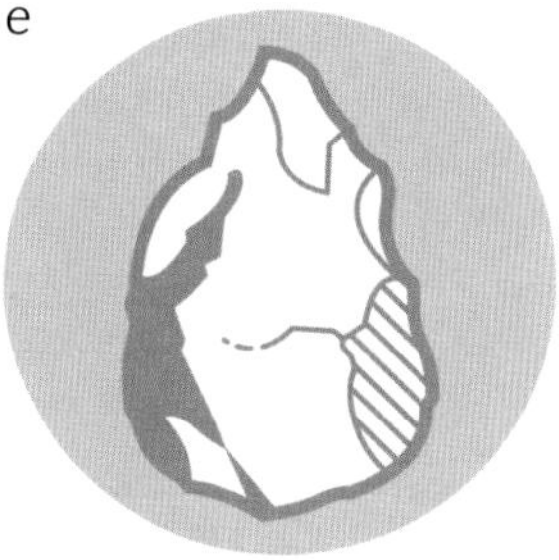

Doch unterscheidet sich der Gebrauch von Hilfsmitteln von Affen bzw. frühen Homininen gegenüber der des modernen Menschen in zwei Punkten ganz erheblich: Nur *Homo sapiens* stellt gezielt Werkzeuge her, die dazu dienen, ein weiteres Werkzeug zu gestalten – oder mit anderen Worten: Er benutzt ein Werkzeug, um ein Werkzeug zu erschaffen. Außerdem ist der Mensch mehr als jedes andere Tier abhängig geworden von seinen Werkzeugen. Das weiß jeder, der heute auf einen Computer angewiesen ist.

**Steinwerkzeuge aus verschiedenen Kulturstufen der Altsteinzeit** (Paläolithikum)

## Evolution der Geräte

Die ältesten Steinwerkzeuge sind ca. 2,6 Millionen Jahre alt, stammen aus Kada Gona und Bouri in Äthiopien und sind mit dem Auftauchen der Gattung *Homo* verknüpft. Sie gehören der Phase des so genannten Oldowan an – einer nach der Olduvai-Schlucht in Afrika benannten primitiven Geröllgerätekultur, welche einen Zeitraum von 2,6 bis 1,0 Mio. Jahren umfasst. Gar nicht oder nur grob behauene Steine charakterisieren diese Zeit. Diese Kultur war etwa 1,6 Millionen Jahre lang die vorherrschende Technologie, bevor sie von den funktional nur mäßig besseren zweiseitig bearbeiteten Acheuléen-Faustkeilen des *Homo ergaster* bzw. *erectus* abgelöst wurde. Die Faustkeilindustrie bestand für ca. 1,4 Millionen Jahre, bevor vor ca. 250.000 Jahren das Mousterién mit den typischen Abschlagsgeräten des Neandertalers vor ca. 250.000 Jahren einsetzte. Seitdem erfuhr die Entwicklung der Technologien eine immer größer werdende Beschleunigung. Und vor ca. 40.000 Jahren setzt mit

### Die Herstellung von Steingerät

Der Macher eines Steinwerkzeugs muss ein Bild des Endprodukts im Kopf haben und in den Stein projizieren. Für ihn ist es erforderlich zu wissen, welches Material er als Rohstoff gebraucht und welches Material als Werkzeug dienen kann, um das gewünschte Gerät zu fertigen – er muss also vorausschauend planen und handeln. Um ein gutes Produkt herzustellen, ist es außerdem notwendig zu wissen, wo, in welchem Winkel und mit wie viel Kraft man den Steinkern treffen muss. Die feine Nachbearbeitung der Aussenkanten erfordert ebenso Geschick und Können. Diese Fähigkeiten konnten also sicherlich nur durch verbale Erklärung und langes Üben erlangt werden.

Experimentelle Archäologen versuchen heute, die prähistorischen Techniken nachzuvollziehen. Auf der Grundlage archäologischer Funde bauen sie Steinwerkzeuge, Waffen und Gebrauchsgegenstände nach. Dafür wiederum verwenden sie Werkzeug, das auch die damaligen Menschen eingesetzt haben könnten. Die Experimente haben schließlich gezeigt, dass die Auswahl des Rohmaterials und die Erfahrung des Werkzeugherstellers eine große Rolle spielen. Es kann davon ausgegangen werden, dass es bereits bei *Homo erectus* spezialisierte Werkzeugmacher gab, die ihr Wissen an Jüngere weitergaben.

Mousterién (typische Neandertaler-Werkzeuge): 250.000 bis etwa 30.000 Jahre

Solutréen (Blattspitzen): 21.000 bis etwa 19.000 Jahre

Magdalenién (kleine Steinwerkzeuge): 18.000 bis etwa 12.000 Jahre

der späten Altsteinzeit und den modernen Cro-Magnon-Menschen (Bezeichnung für den anatomisch modernen Menschen nach dem französischen Ort Cro-Magnon) schließlich eine rasante Entwicklung der Innovativität, Vielfältigkeit und Spezialisierung der Werkzeugkulturen ein, deren einzelne Phasen von sehr kurzer Dauer und oft regional begrenzt sind (20.000 bis 5.000 Jahre). Das heißt aber auch: Insgesamt etwa 2 Millionen Jahre blieb die Werkzeugentwicklung auf einem relativ ursprünglichen Niveau.

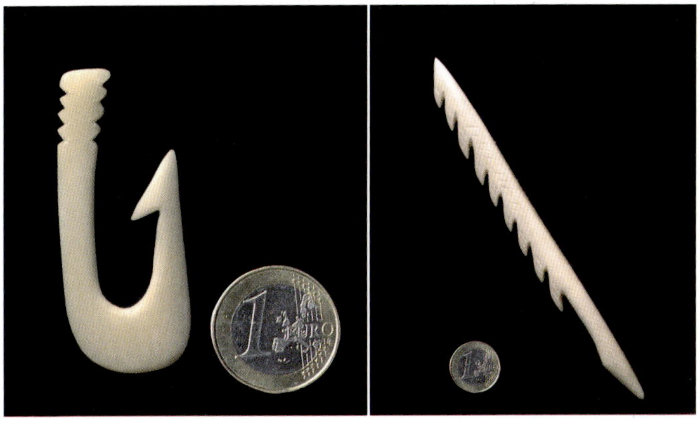

**Knochen- und Geweihgeräte** aus dem Magdalenién

Anhand der Verbreitung von Werkzeugtypen können auch Wanderungs- oder zumindest Ausbreitungsrouten nachvollzogen werden. Deutliche Überlappungen zwischen den Kulturstufen zeigen, dass sich die Weiterentwicklung meist punktuell vollzog und „modernere" Werkzeuge erst anschließend verbreitet wurden. Teilweise sind die Geräte ortsgebunden. Vermutlich handelten die Menschen der Altsteinzeit bereits mit Rohmaterial und Geräten – dabei transportierten sie die Materialien zum Teil bis zu 100 Kilometer weit. Es wurde zum Beispiel bei Jagden oder der Suche nach Aas mitgeführt und erst am Ort der Verwendung bearbeitet. Aufgrund der sehr großen Menge an produziertem Steinwerkzeug kann von regelrechten „Industrien" gesprochen werden.

**Der Nachweis von Werkzeugen**

Organische Werkzeuge oder deren Bauteile aus Holz, Leder, Fell, Federn etc. sind nicht erhaltungsfähig und demnach fossil kaum oder gar nicht überliefert. Es wird dennoch vermutet, dass Vormenschen schon vor etwa 5 bis 3 Millionen Jahren die Fähigkeiten zur Werkzeugbenutzung und – herstellung besaßen, obwohl Belege bis heute fehlen. Steinwerkzeuge werden entweder direkt gefunden oder es lassen indirekte Hinweise auf den Gebrauch solcher Geräte, wie Schlag-, Kratz- oder Schnittspuren auf fossilen Knochen und anderen Materialien, schließen. Die wesentlich spätere Erfindung von Fernwaffen und steinernen Projektilen hinterließen wiederum charakteristische Einschussspuren und -verletzungen an den Knochen von Jagdtieren, die häufig als „Beifunde" entdeckt werden.

## „Schweizer Taschenmesser" der Frühzeit

Steinwerkzeuge versetzten die Frühmenschen in die Lage, die Nahrungsaufbereitung zu verbessern, ihr Ernährungsspektrum um vorher unerreichbare Nahrung (z.B. Knochenmark) zu erweitern und in der Konkurrenz gegenüber anderen großen Säugetierarten einen Vorteil zu erringen. Die Werkzeuge ersetzen dabei partiell die Tätigkeit der Zähne. Auch ist zu vermuten, dass bereits auf dem Niveau der Australopithecinen nicht fossilisierbare und unbearbeitete Materialien, wie Knochen, Äste, Steine usw., als Grab- und Schlagwerkzeuge genutzt wurden.

Der direkte Vergleich zwischen frühmenschlichen und modernen Geräten zeigt, dass Steingerät vielseitig einsetzbar war, während heutige Werkzeuge für sehr spezifische Funktionen angefertigt werden. Eine deutliche Zunahme der Vielfalt von Werkzeugen setzte vor ungefähr 300.000 bis 400.000 Jahren ein und zeigt, dass bereits *Homo erectus* vielseitigen Bedarf für zweckgebundene Werkzeuge hatte. Offensichtlich wurden die Anforderungen an ein Werkzeug im Verlauf der Zeit immer spezifischer, so dass das steinzeitliche Universalgerät mehr und mehr durch mehrere spezielle Werkzeuge ersetzt wurde.

## Mit Lanze und Speerschleuder

Raubtiere können Beute wittern, sprinten mit hoher Geschwindigkeit, besitzen ein kräftiges Gebiss mit Reißzähnen, enorme Körperkräfte und starke Krallen, mit denen sie Beutetiere festhal-

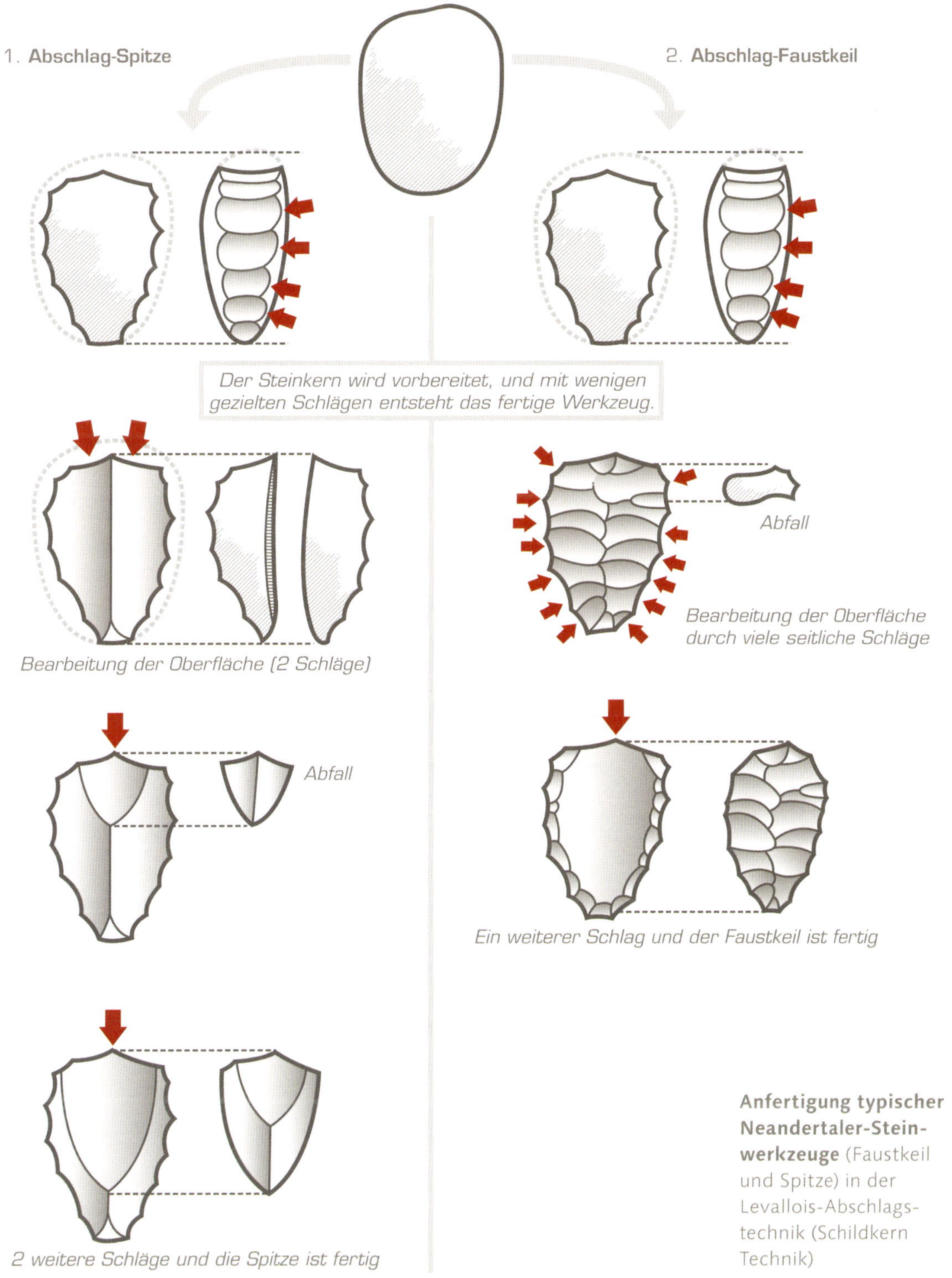


**Anfertigung typischer Neandertaler-Steinwerkzeuge** (Faustkeil und Spitze) in der Levallois-Abschlagstechnik (Schildkern Technik)

**Steinzeitliche Jagdwaffen und ihre Wirkungsbereiche** nach Erkenntnissen der experimentellen Archäologie und Kulturwissenschaft im Vergleich mit einer modernen Schusswaffe
(© U. Stodiek)

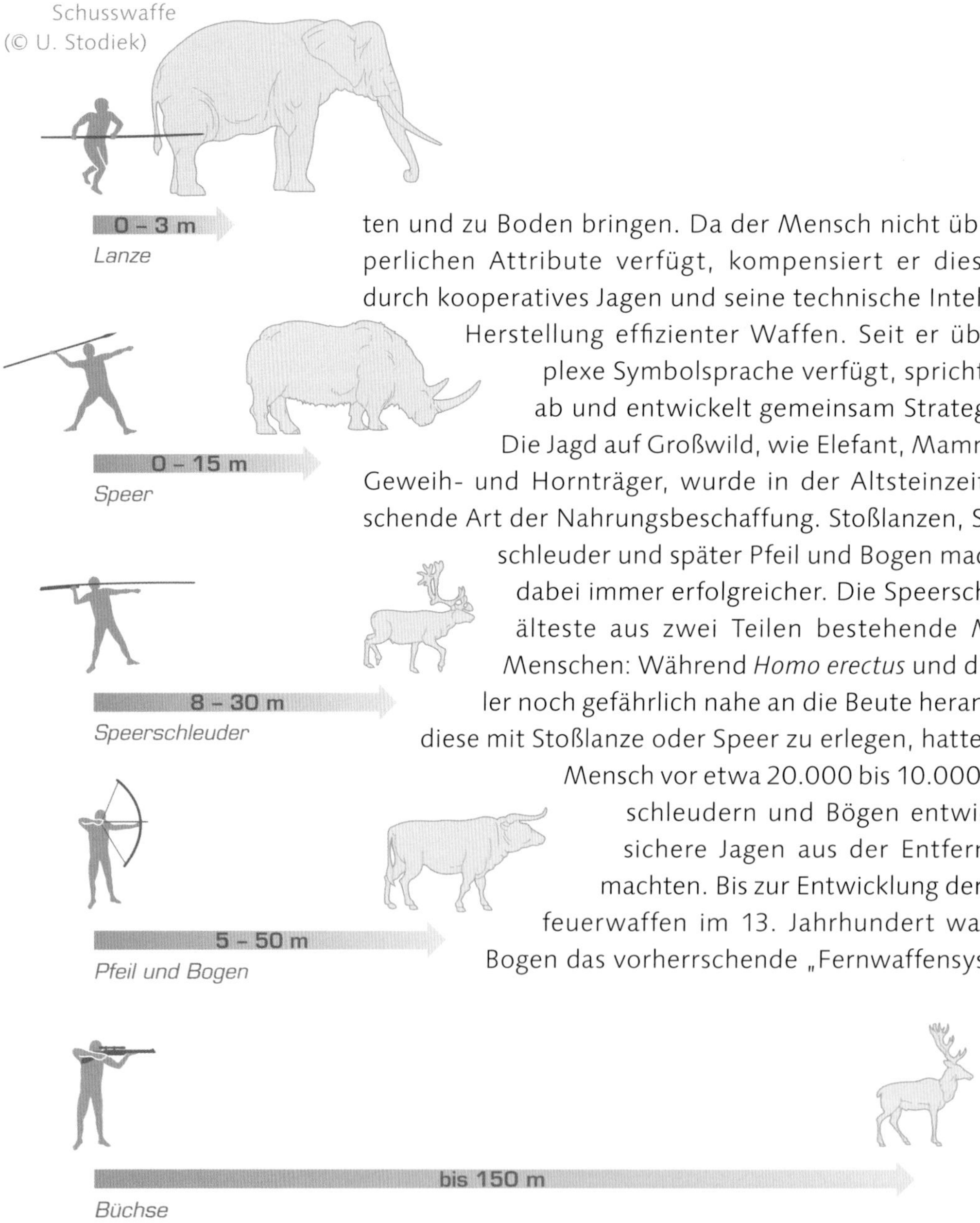


ten und zu Boden bringen. Da der Mensch nicht über solche körperlichen Attribute verfügt, kompensiert er diesen „Mangel" durch kooperatives Jagen und seine technische Intelligenz bei der Herstellung effizienter Waffen. Seit er über eine komplexe Symbolsprache verfügt, spricht er sich dabei ab und entwickelt gemeinsam Strategien.

Die Jagd auf Großwild, wie Elefant, Mammut, Nashorn, Geweih- und Hornträger, wurde in der Altsteinzeit die vorherrschende Art der Nahrungsbeschaffung. Stoßlanzen, Speere, Speerschleuder und später Pfeil und Bogen machten die Jagd dabei immer erfolgreicher. Die Speerschleuder ist die älteste aus zwei Teilen bestehende Maschine des Menschen: Während *Homo erectus* und die Neandertaler noch gefährlich nahe an die Beute heran mussten, um diese mit Stoßlanze oder Speer zu erlegen, hatte der moderne Mensch vor etwa 20.000 bis 10.000 Jahren Speerschleudern und Bögen entwickelt, die das sichere Jagen aus der Entfernung möglich machten. Bis zur Entwicklung der ersten Handfeuerwaffen im 13. Jahrhundert waren Pfeil und Bogen das vorherrschende „Fernwaffensystem".

**Der große Wurf**

Sein Ziel auch auf die Distanz erreichen: Die aufgerichtete Haltung des Menschen und die Hebelverhältnisse von Schultern und Armen ermöglichen im Zusammenspiel mit dem ausgeprägten räumlichen Sehen und der multifunktionalen Greifhand ein gezieltes und kraftvolles Werfen von Gegenständen. Diese Fähigkeit ist einzigartig im Tierreich. Zwar werfen Schimpansen zur Vertreibung von Raubtieren mit Stöcken und Steinen, sie können dies jedoch nicht gezielt und über größere Entfernungen. Die zunehmenden kognitiven Fähigkeiten und eine komplexere Sprache führten beim Menschen auch zu immer besseren Waffenkonstruktionen und Jagdstrategien. So ist es nicht verwunderlich, dass schon *Homo erectus* vor ca. 400.000 Jahren Wurfspeere für die Wildpferdjagd einsetzte.

## Alt und weise

Es ist daher gefährlich anzunehmen, dass die damaligen Menschen weniger „schlau" oder geschickt waren als der heutige Mensch, denn kulturelle Produktivität und der Stand der geistigen Entwicklung sind nicht direkt miteinander verknüpft. Bereits im Jungpaläolithikum sind die Fähigkeiten und Verhaltensmuster moderner Gesellschaften voll entwickelt. Und in der jüngeren Altsteinzeit vor etwa 40.000 Jahren bilden sich klare regionale Unterschiede zwischen den Werkzeugen und der Geisteswelt der damaligen Menschen heraus: In Südfrankreich entstehen mehrfarbige und ästhetische Höhlenmalereien; die Höhlen der Schwäbischen Alb werden zu Ateliers mobiler Kleinkunstwerke; in der russischen Steppe bauen nomadisch lebende Menschen Mammutknochenhütten, und an Seen und Flüssen werden Netze und Angelhaken gefertigt.

## Die frühe Ernährung

Werkzeuge unterstützten die Menschen auch und insbesondere beim Nahrungserwerb. Steinwerkzeuge halfen, die Nahrung aufzubereiten, Waffen wurden eingesetzt, um Großwild zu erlegen. Dabei galt und gilt: Der Mensch war und ist, was er aß und isst. Welche Rolle spielte also die Ernährung unserer

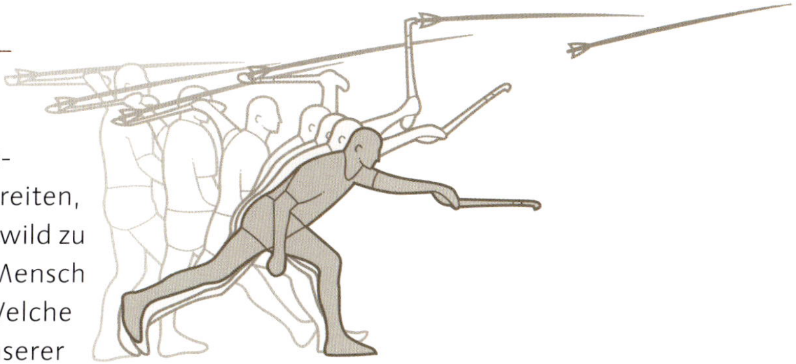

**Bewegungsablauf beim Speerschleuderwurf**
(© U. Stodiek)

Vorfahren für die Evolution unserer Art? Wir können heute nur abwägen, wie der Speiseplan der Ahnen im Detail aussah und Hypothesen entwickeln, die oft nicht einmal überprüfbar sind, da uns die direkten Belege, wie zum Beispiel fossile Nahrungsreste, der frühen Menschen bis heute verborgen geblieben sind. Denn ein fossiler Hominine mit überliefertem Mageninhalt, wie im Falle des jüngst vorgestellten Messel-Primaten „Ida", bleibt bislang für die Paläoanthropologie leider nur ein Wunschtraum.

## Auf den Zahn gefühlt

Um etwas über die Ernährung der Australopithecinen und frühen Homo-Arten zu erfahren, stellen ihre Zähne eine wichtige Informationsquelle dar. Diese bestehen aus der härtesten Körpersubstanz, dem so genannten Hydroxylapatit, und sind deshalb auch oft als fossile Belege überliefert. Da sich die Zähne zur Nahrungsaufbereitung entwickelt haben, sollten sie auch Anhaltspunkte zur Zusammensetzung der Speisen liefern können. Hier zeigen Studien, die sich mit der Funktion der Zähne beschäftigen, Hinweise auf das potentielle Nahrungsspektrum – indem sie untersuchen, welches Material, wie und mit welcher Zahnoberflächengestalt zerkaut werden kann.

## Speiseplan mit oder ohne Fleisch?

Demnach liefern die fossilen Zähne deutliche Belege für eine Veränderung des Nahrungsspektrums, die für die frühe Entwicklung zum Menschen auch eine entscheidende Rolle gespielt hat. So zeigen die Zähne der Australopithecinen, dass mit der Zeit wahrscheinlich der Anteil harter Kost in der täglichen Diät zunächst

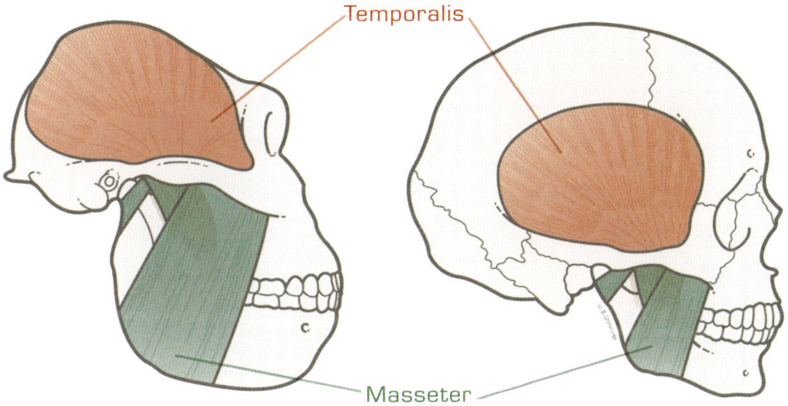


**Vergleich der Hauptkaumuskeln von *Paranthropus* und modernem Menschen.** Salopp formuliert verfolgen diese Menschenarten zwei Strategien: *Paranthropus* = viel Kauen wenig Hirn, moderner Mensch: wenig Kauen viel Hirn.

zunahm. Vielleicht war es dabei auch nur die neue Möglichkeit, hartes Material für die chemische Verdauung besser vorbereiten zu können, die den entscheidenden Vorteil bot, um in Zeiten von Trockenheit das Überleben zu sichern. Weniger flexible Primatenformen waren eben diesen Anforderungen im Pliozän (vor 6 bis 1,8 Millionen Jahren) in Afrika nicht gewachsen. Bemerkenswert scheint es allerdings, dass zumindest im frühen Stadium der menschlichen Entwicklung der Verzehr zäher Nahrung oder gar Fleisch wahrscheinlich keine große Rolle gespielt hat. Denn weder waren die Zähne für die Aufbereitung von rohem Fleisch geeignet, noch finden sich zu diesem Zeitpunkt (vor mehr als 2,6 Millionen Jahren) andere Hinweise, wie zum Beispiel Schnittmarken an Knochen oder Steinwerkzeuge zum Zerlegen von Tierkörpern.

Diese Schlussfolgerung ist allerdings widersprüchlich zu einigen Isotopenanalysen, die ergaben, dass Fleisch auch bei den frühen Homininen ein wichtiger Nahrungsbestandteil war, da es wichtige Nährstoffe enthält, welche die spezifische Entwicklung der Homininen (z.B. Gehirnvergrößerung, ausgeprägtes Sozialverhalten) überhaupt erst ermöglichten. Entweder besaßen frühe Menschen also Werkzeuge, die wir nicht kennen, um Fleisch mechanisch für die Verdauung vorzubereiten – weshalb wir keine Möglichkeit haben durch Zahnanalysen den Verzehr von Fleisch beurteilen zu können –, oder die Ergebnisse der Isotopenanalysen sind komplizierter zu verstehen, und einige Pflanzenbestandteile, wie zum Beispiel unterirdische Knollen, produzieren ein ganz ähnliches Isotopensignal wie Fleisch. Dazu kommt noch die Möglichkeit, dass sich die Konsistenz von Fleisch, Sehnen und anderem Bindegewebe durch natürliche

Zersetzung hin zu weicher Nahrung verändert. Eine weitere Möglichkeit wäre auch, dass die Homininen indirekt Fleisch zu sich nahmen, indem sie zum Beispiel Insektenlarven, die sich in Tierkadavern entwickeln, konsumierten.

## Der Biss lässt nach

Jüngere Untersuchungen diskutieren eine deutliche Veränderung in der täglichen Nahrung der Homininen mit dem Auftauchen der ersten Arten unserer eigenen Gattung, *Homo rudolfensis*, *Homo habilis* und *Homo ergaster* bzw. *erectus*. Merkmalsvergleiche an den Kiefern und Zähnen von Australopithecinen, *Homo rudolfensis* und *Homo habilis* zeigen, dass frühe *Homo*-Formen relativ größere Schneidezähne und kleinere Backenzähne besaßen als die Australopithecinen. Dazu kommt, dass das Zahnrelief höher war – wodurch es für *Homo* möglich war, widerstandsfähigere und zähere Pflanzennahrung mit dem Gebiss zu zerkleinern. Bei *Homo erectus* hingegen zeigt sich dann eine deutliche Änderung zu grazileren Gebissen und Zahnstrukturen: Die Kiefer und Zähne sowie die Kaumuskelansätze wurden kleiner.

Es scheint dabei keinen einfachen Übergang gegeben zu haben von der Ernährung mit Waldpflanzen zur Nutzung von mehr Savannenpflanzen und tierischer Nahrung. Es sieht vielmehr so aus, als ob sich die frühen *Homo*-Arten sehr vielseitig ernährten, so dass sie sehr gut mit den unterschiedlichsten Umweltbedingungen im Plio-Pleistozän Afrikas zurechtkamen. Mit *Homo* werden auch die ersten Steinwerkzeuge (aus Gona in Äthiopien, Alter ca. 2,5 Millionen Jahre) in Zusammenhang gebracht.

## Essen mit Besteck

Zu welchem Zweck unsere Vorfahren die ersten Steinwerkzeuge genau genutzt haben, ist zwar noch nicht abschließend geklärt. Doch waren sie dafür geeignet, sowohl nahrhafte Bestandteile im Inneren von hartschaligen Pflanzenteilen zu erschließen, als auch um Knochen aufzubrechen, um so an das energiereiche Knochenmark heranzukommen – aus Bouri (Äthiopien) sind Knochenreste mit Schneidmarken bekannt. Es bleibt allerdings festzustellen, dass es nicht eindeutig entscheidbar ist, wer die Steinwerkzeuge hergestellt und benutzt hat, denn vor ca. 2,5 Millionen Jahren gab es in Afrika mit *Australopithecus*, *Paranthropus* und *Homo* drei potentielle Werkzeughersteller. Als etwas später *Homo ergaster* bzw. *erectus* auftauchte, hatte sich die frühe Steinwerkzeugkultur (Oldowan) offensichtlich noch nicht wesentlich weiterentwickelt. Erst vor ca. 1,4 Millionen Jahren tauchen neue Steinwerkzeuge (Acheuléen) auf: die ersten Faustkeile, die von zwei Seiten bearbeitet waren, und somit eine klare Schlagkante besaßen, um sehr gezielt zum Beispiel größere Fleischteile von einem Kadaver abzutrennen.
Mit *Homo erectus*-Funden werden vielerorts auch bearbeitete Knochen in Verbindung gebracht, die – wenn die Spuren auf ihnen tatsächlich von dieser Art stammen – einen erhöhten Fleischkonsum unterstreichen. Zunehmender Werkzeuggebrauch und möglicherweise vielschichtige Methoden zur Nahrungsaufbereitung zeigen sich zudem in den veränderten Gebissstrukturen von *Homo erectus*: Sein gesamter Kauapparat hat sich gegenüber *Homo rudolfensis* und *Homo habilis* deutlich verkleinert. Es erscheint so, als

**Ein Stück Fernost im Senckenberg**

Gustav Heinrich Ralph von Koenigswald (1902 – 1982) war ein Wissenschaftler mit Weltruf, Spezialist und Pionier auf dem Gebiet der Paläoanthropologie. In der ersten Hälfte des letzten Jahrhunderts entdeckten er und seine Mitarbeiter auf der indonesischen Insel Java über hundert Urmenschenfossilien, die heute das Senckenberg Forschungsinstitut und Naturmuseum beherbergt. Da die Stücke bewiesen, dass Urmenschen bereits vor ca. 1 bis 1,5 Millionen Jahren in Südostasien lebten, trägt die Fossiliensammlung von Koenigswalds noch heute zum wissenschaftlichen Renommee des Hauses Senckenberg bei.

Ein 1 bis 0,3 Millionen Jahre alter Backenzahn von *Gigantopithecus blacki* wurde von von Koenigswald als „Drachenzahn"-Medizin in einer Apotheke in Hongkong gekauft. *„Weil diese (Drachen)Zähne als wirksame Medizin angesehen werden, um ältere Gentlemen jung zu halten, kosten sie sehr viel und werden nach Gewicht verkauft. Die meisten Chinesen kauften wenige Gramm, die mit Wein gemischt in der Wirkung verstärkt werden konnten. Ich brauchte komplette Zähne, was mich eine Menge Geld kostete und meinen Ruf schädigte"*, berichtete Koenigswald. Er gab dem Fossil den Namen *Gigantopithecus blacki*, der – in Erinnerung an einen verstorbenen Freund – übersetzt „Black's Riesenaffe" bedeutet. Aufrecht stehend war dieser in China und Vietnam beheimatete Frucht- und Blattfresser drei Meter hoch mit einem Gewicht von ca. 300 kg. Damit war er der größte Primat, der jemals auf der Erde lebte.

hätten sich einige Homininen durch die externe Nahrungsvorbereitung und große Flexibilität in der Nahrungsauswahl Vorteile verschafft, um in sehr unterschiedlichen Umweltbedingungen überleben zu können – und somit auch schnellen klimatischen und anderen Umweltschwankungen standzuhalten. Daher gibt es kaum Zweifel, dass abwechslungsreiche Kost ein wichtiger Schlüssel für das Überdauern und die weltweite Ausbreitung des *Homo sapiens* war.

## Aufrecht durch die Welt

Früher Globetrotter: *Homo ergaster* bzw. *erectus* war die erste Menschenart, die Afrika verließ – und das bereits vor mindestens 1,8 Millionen Jahren. Funde aus Georgien sind mit 1,75 Millionen Jahren die ältesten Menschenfossilien außerhalb dieses Kontinents, und schon „bald" darauf – vor etwa 1 Millionen Jahren – erreichten *Homo erectus*-Formen die weit entfernte Insel Java.

Als Allesesser mit einer effizienten Fortbewegungsweise, einer geringen Spezialisierung auf ein bestimmtes Biotop und den phy-

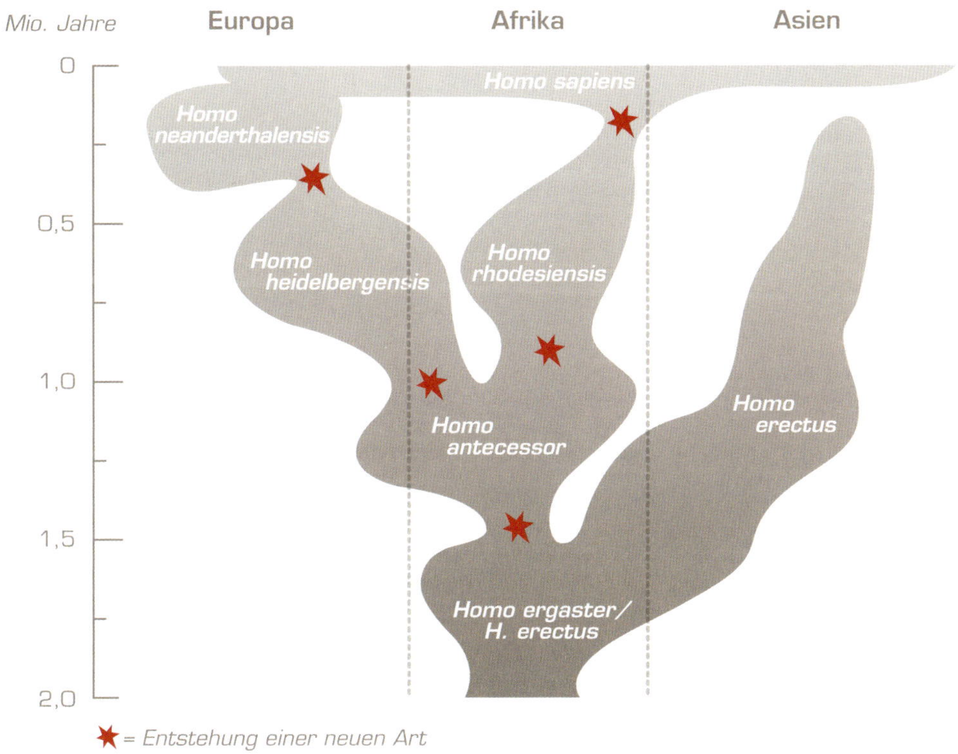


**Out-of-Africa oder „splitter"-Modell:** Neue Menschenarten entstanden nach dieser Theorie immer wieder in Afrika. In Wellen wanderten sie vor 1,8 Millionen Jahren, einer Millionen Jahren und vor 200.000 Jahren aus und verdrängten bzw. ersetzten die Altpopulationen.

siologischen Vorteilen eines großen Säugetieres erfüllte *Homo ergaster* bzw. *Homo erectus* alle Kriterien für die Auswanderung aus Afrika. Doch warum eroberten diese Menschen neue Gebiete, was trieb sie dazu, bekanntes Terrain zu verlassen? Mögliche Gründe könnten gewesen sein:

- Klimatische Veränderungen
- Ressourcenmangel, veränderte Lebensbedingungen
- Feinddruck oder Konkurrenz durch Raubtiere und andere Menschenformen
- Verfolgen der Wanderrouten von Herdentieren
- „Wanderlust" bzw. Neugier
- Jahreszeiten (Sommer/Winter, Regenzeit/Trockenzeit)

## Out-of-Africa – aber wie?

Seit Jahren stehen zwei Modelle für die Wanderung und Verbreitung von Menschenarten zur Diskussion: Das eine befürwortet mehrfache Wanderungsbewegungen von Menschen aus Afrika heraus, das andere besagt, dass frühe Menschen nur einmal ausgewan-

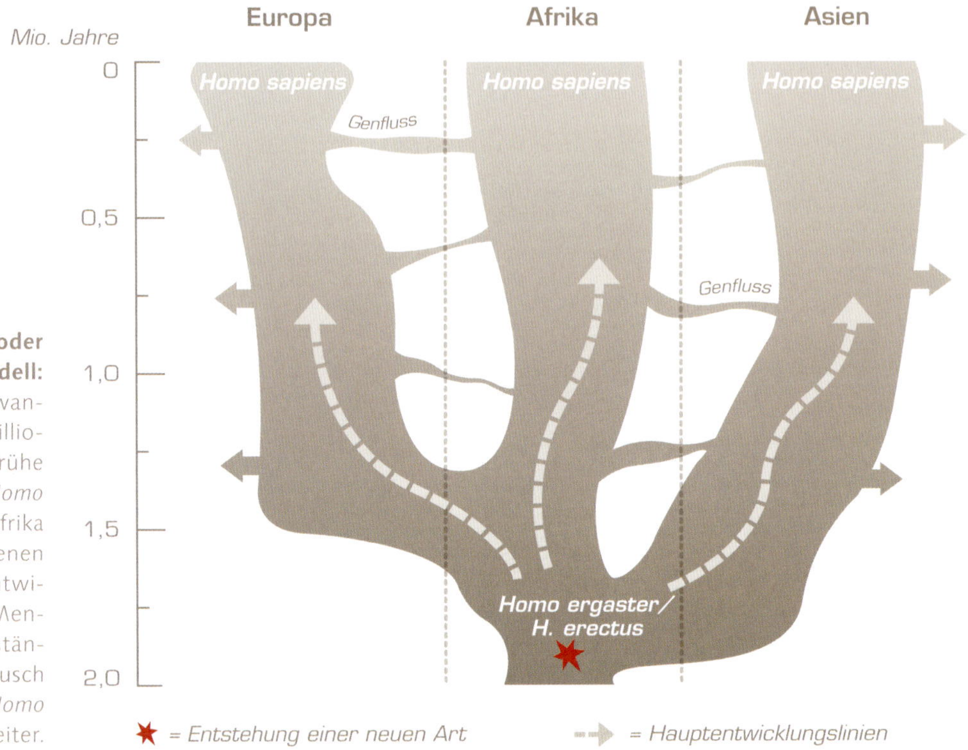


**Multiregionales oder "lumper"-Modell:** Nach dieser Theorie wanderte vor etwa 1,8 Millionen Jahren eine frühe Form der Gattung *Homo* das erste Mal aus Afrika aus. In verschiedenen Regionen der Welt entwickelten sich diese Menschenformen unter ständigem Genaustausch kontinuierlich zum *Homo sapiens* weiter.

dert seien und sich dann an verschiedenen Stellen der Welt Schritt für Schritt zum *Homo sapiens* weiterentwickelt haben.

**Out-of-Africa:** Die Befürworter dieser Theorie sehen die Entstehung der verschiedenen *Homo*-Spezies immer in Äquatorialafrika. Sie gehen davon aus, dass nach dem ersten Auswandern von *Homo ergaster* bzw. *erectus* immer wieder Menschen aus Afrika emigrierten und die archaischen Populationen in den Einwanderungsgebieten verdrängten. Im Zeitraum von 1 bis 0,3 Millionen Jahren entwickelten sich aus einer Gruppe, die nach spanischen Funden als *Homo antecessor* bezeichnet wird, zwei Menschenarten: in Afrika *Homo rhodesiensis* und die zeitgleiche europäische Variante *Homo heidelbergensis*. Letztere gilt als Vorläufer der Neandertaler. Vor etwa 200.000 Jahren entwickelte sich dann der *Homo sapiens* in Afrika. Er wiederum wanderte vor etwa 100.000 Jahren aus, ersetzte sämtliche ansässigen Altpopulationen inklusive der Neandertaler und erreichte vor ca. 15.000 Jahren auch Amerika. Heute ist der Mensch nahezu weltweit verbreitet. Diesem Ansatz liegt ein starkes „splitting" (Zersplitterung) der Arten zugrunde, was auf der Annahme einer punktuell beschleunigten Evolutionsrate (also einem „sprunghaften" Gestaltwandel) mit Artbildungsereignis beruht.

Die „Out-of-Africa"-Theorie lässt sich noch genauer unterteilen:

**Out-of-Africa I:** Erst seit ungefähr 2 Millionen Jahren leben Menschenformen auch außerhalb Afrikas. Die ältesten gesicherten Fossilfunde stammen von der Fundstelle Dmanisi in Georgien (1,75 Millionen Jahre). Rasch breiten sich die Menschen weiter aus: Indonesien und China werden vor 1,5 Millionen Jahren oder möglicherweise sogar früher erreicht. Die ältesten Belege für eine menschliche Anwesenheit in Europa sind ein 1,3 Millionen Jahre alter Zahn aus der Sima del Elefante in Atapuerca in Nordspanien sowie Steingeräte aus Pirro Nord bei Rom.

**Out-of-Africa II:** Sowohl genetische Untersuchungen, als auch Fossilfunde weisen auf eine Entwicklung des anatomisch modernen Menschen in Ostafrika ab ca. 200.000 Jahre vor heute hin. Von dort breitet sich *Homo sapiens* zunächst auf dem afrikanischen Kontinent aus. Außerhalb Afrikas lebte der moderne Mensch erstmals vor 90.000 Jahren für kurze Zeit im heutigen Israel. Möglicherweise wurden diese Menschen dort aber schon bald von Neandertalern – vielleicht aufgrund von Klimaschwankungen – für knapp 50.000 Jahre verdrängt. Aus der Zeit vor ungefähr 40.000 Jahren gibt es erste Hinweise auf eine Besiedlung Australiens. In Europa wiederum lösen die anatomisch modernen Menschen zwischen 40.000 und 30.000 Jahren vor heute die Neandertaler ab. Sie dringen in bislang unbesiedelte nördliche Gebiete vor und erreichen spätestens vor 15.000 Jahren auch Amerika über eine

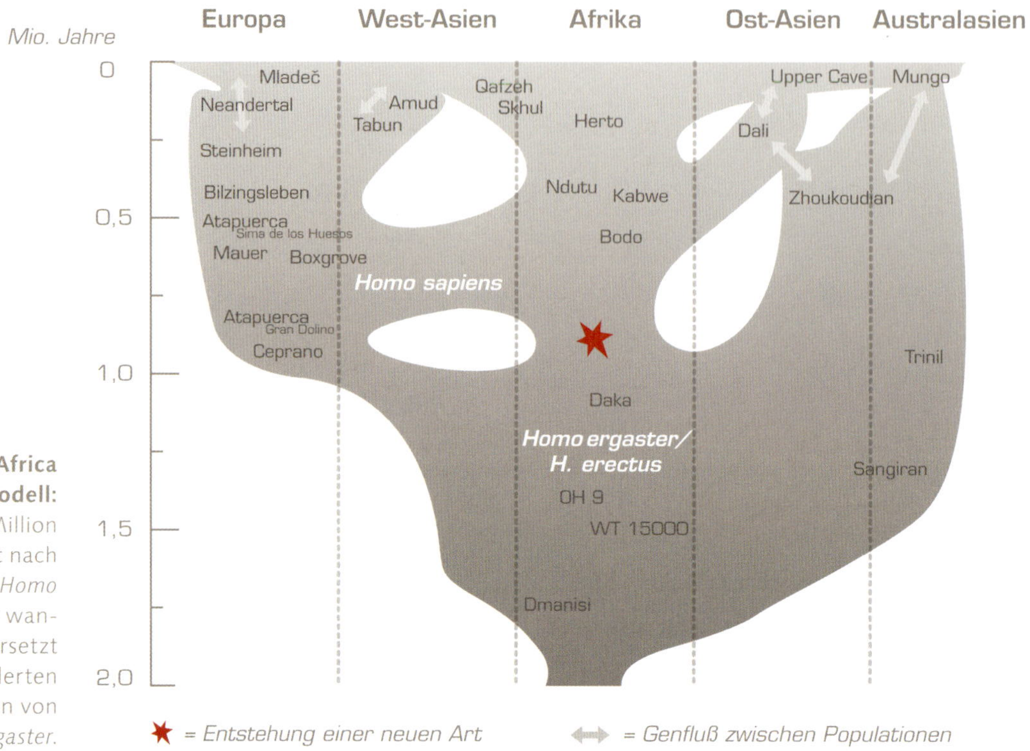


**Mostly-out-of-Africa oder Synthese-Modell:** Vor etwa einer Million Jahren entsteht nach diesem Modell der *Homo sapiens* in Afrika. Er wandert aus und ersetzt die zuvor ausgewanderten Altpopulationen von *Homo erectus* und *ergaster*.

Landbrücke, die Nordasien und Alaska verband. Im Laufe der letzten 10.000 Jahre werden auch die letzten entlegenen Flecken auf der Erde von Menschen besiedelt: Hochgebirgsregionen, Inseln im Pazifik und sogar die Antarktis.

**Multiregionales Modell:** Die Multiregionalisten gehen davon aus, dass eine Menschenform (*Homo ergaster* bzw. *erectus*) aus Afrika auswanderte und sich an verschiedenen Orten der Welt zu *Homo sapiens* weiterentwickelte – allerdings immer mit dem Hinweis darauf, dass es regelmäßige Vermischungen zwischen den Populationen gab. Damit erklären sie, basierend auf einem graduellen, also kontinuierlichen, evolutionären Gestaltwandel, einerseits die relative Homogenität der fossilen Funde (z.B. bei *Homo erectus*) und andererseits die große Variabilität der heute lebenden Bevölkerung. Würde die Theorie des multiregionalen Modells bestätigt, wären alle Funde ab ca. 1,8 Millionen Jahren zur Spezies *Homo sapiens* zu stellen. Diesen theoretischen Ansatz, viele Arten zu einer zusammenzuführen, bezeichnet man in der Wissenschaft als „lumping" (zusammentun).

**Wissenschaftlich am Ziel angekommen?** In jüngster Zeit zeichnet sich eine Annäherung zwischen den beiden beschriebenen Modellen ab, die unter der Bezeichnung **„Mostly-out-of-Africa"** geführt wird: Darin dominieren die afrikanischen Populationen zwar das Erbe des modernen Menschen, doch die archaischen Formen außerhalb Afrikas sollen ebenfalls einen geringen Anteil am Genpool haben.

## Eher Bummelei statt Blitztour

Man darf sich dabei die unterschiedlichen Ausbreitungswellen nicht als geplante Wanderung von hier nach dort vorstellen. Bis vor 10.000 Jahren lebten Menschen vom Sammeln und der Jagd und streiften auf der Suche nach Nahrung umher. Wenn sich das Streifgebiet einer Gruppe auch nur um 1 km pro Jahr in eine Richtung verlagerte, konnten die Nachfahren von Ostafrikanern nach 15.000 Jahren Südostasien erreicht haben. Die Menschen folgten bei Veränderungen von Klima und Umwelt der Verbreitung ihrer Nahrungsgrundlage. Da sich die Menschenformen durch ihre kulturellen Errungenschaften, wie vielfältige Werkzeuge, Feuer und Kleidung, immer besser an neue Umwelten anpassen konnten, besiedelten sie zunehmend auch für sie zuvor unwirtliche Gebiete.

## Feuer und Flamme für die Gemeinschaft

Feuer: Es war warm, es war hell und es brachte die Menschen zusammen an einem Ort des sozialen Miteinanders. Das Phänomen des sozialen Austauschs am Essplatz hat sich bis heute erhalten. Feuer ermöglichte das Erhitzen, Braten, Kochen (vor allem das Abtöten von Parasiten, das Entfernen von Giftstoffen und das „Vor-

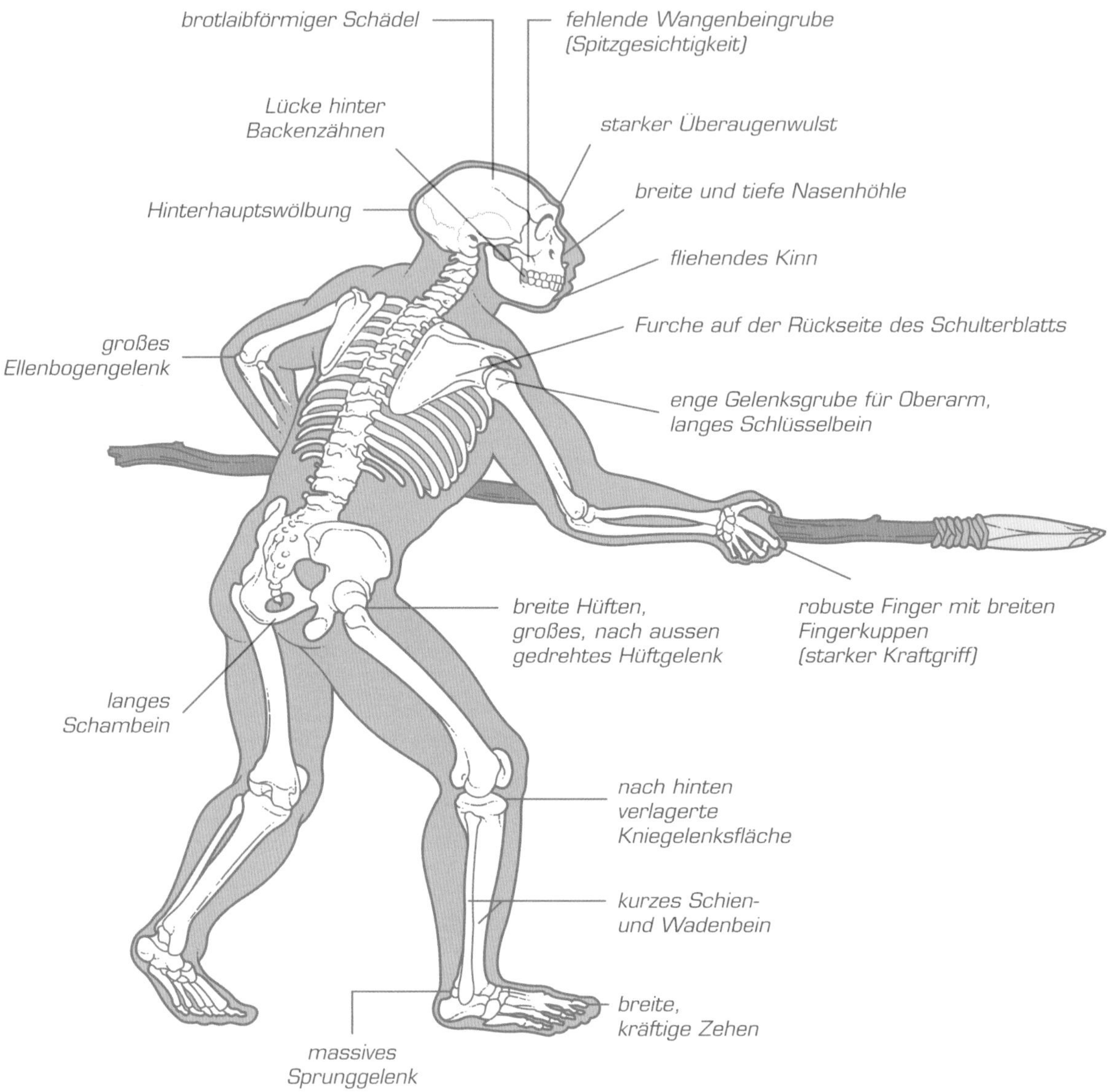


**Merkmale des Neandertaler-Skeletts.** Der robuste Körperbau des Neandetalers steht vermutlich in engem Zusammenhang mit dem kalten eiszeitlichen Klima, in dem er lebte.

verdauen" und Aufschließen der Nahrungsmittel) sowie das Haltbarmachen von Nahrung (Konservierung) und Schutz vor Fressfeinden, wie Raubkatzen und Hyänen. Anfangs wurde Nahrung im Feuer – eventuell verpackt in Ton – oder auf heißen Steinen gegart. Das Kochen mit Wasser wurde dagegen vermutlich erst spät entwickelt. Auch die Ausbreitung des Menschen in kältere, gemäßigte Breiten wurde erst durch die Nutzung der Flamme möglich. Zudem war Feuer bei der Jagd und später zur Urbarmachung von Land durch Brandrodung einsetzbar.

**Es brennt!**

Reibung erzeugt Wärme: Diese physikalische Gesetzmäßigkeit diente unseren Vorfahren zur Erzeugung eines Funkens oder Feuers. Ein eisenhaltiger Stein (Pyrit, Markasit) wurde zum Beispiel genutzt, um mit einem Schlagstein Funken herauszuschlagen. Getrocknetes Moos, Zunder (Fasern getrockneter Baumpilze) und kleinste Holzspäne wurden in Brand gesetzt und durch Zugabe immer größerer Holzteile schließlich ein größeres Feuer entfacht. Später entwickelten die Urmenschen Feuerhobel und -bohrer, bei denen die Reibung von Holz auf Holz eine starke Wärme erzeugte: Diese entzündete letztlich das brennbare Material, das um die Hobelfurche bzw. das „Bohrloch" gelegt wurde.

## Lichtblick in der Eiszeit

Es ist wahrscheinlich, dass die Nutzung des Feuers vor ca. 125.000 Jahren in der Mittleren Altsteinzeit, also der Zeit des archaischen *Homo sapiens* und des eiszeitlichen Neandertalers, weit verbreitet war. Dieser Zeitpunkt deckt sich mit der letzten großen Auswanderungswelle des modernen Menschen aus Afrika. Schließlich erlaubte Feuer es den Menschen, leichter in kältere Gebiete vorzudringen und dort zu überleben. Der Neandertaler als eine der letzten Seitenlinien am Stammbusch des Menschen nutzte ebenfalls das Feuer und passte sich extrem gut an die eiszeitlichen Verhältnisse seiner Zeit an.
Doch bleiben auch im Zusammenhang mit dem Neandertaler – obwohl sicher die am besten untersuchte und weithin „populärste" Urmenschenart – noch einige Fragen offen: Konnte er sprechen, welche Kultur besaß er, war er unser Vorfahre oder doch nur ein „Vetter"?

## Neandertaler – der „Star" unter den Urmenschen

Erste Reste vom Neandertaler wurden 1856 bei Düsseldorf entdeckt. Seinen Namen verdankt er dem Tal, in dem er gefunden wurde und das nach dem Dichter Joachim Neander (1650 bis 1680) benannt wurde. Doch erst in den 1860er Jahren wurde der Neandertaler als Urmensch anerkannt und erhielt auch seinen wissen-

N
W
O
S
SCHWEDEN
FINNLAND
NORWEGEN
ESTLAND
LETTLAND
LITAUEN
DÄNEMARK
VEREIN. KÖNIGREICH
IRLAND
RUSSLAND
WEISSRUSSLAND
POLEN
Salzgitter
Swanscombe
Pontnewydd
Neandertal
Weimar-Ehringsdorf
Ochtendung
Engis
Spy
DEUTSCHLAND
TSCHECHIEN
Steinheim
UKRAINE
Biache
SLOWAKEI
Subalyuk
Vértesszöllös
ÖSTERREICH
UNGARN
Arcy-sur-Cure
SCHWEIZ
FRANKREICH
Vindija
Krapina
RUMÄNIEN
La Quina
St. Césaire
La Ferrassie
La Chapelle
Le Moustier
ITALIEN
Klik Koba
BULGARIEN
Saccopastore
Monte Circeo
Atapuerca
Altamura
PORTUGAL
SPANIEN
GRIECHEN-LAND
TÜRKEI
Zafarraya
Gibraltar
Shanida
Dederiyeh
LIBANON
SYRIEN
ISRAEL
Tabun
Kebara
Amud
Zuttiyeh
IRAK
TUNESIEN
MAROKKO
ALGERIEN
LIBYEN
ÄGYPTEN
SAUDI ARABIEN

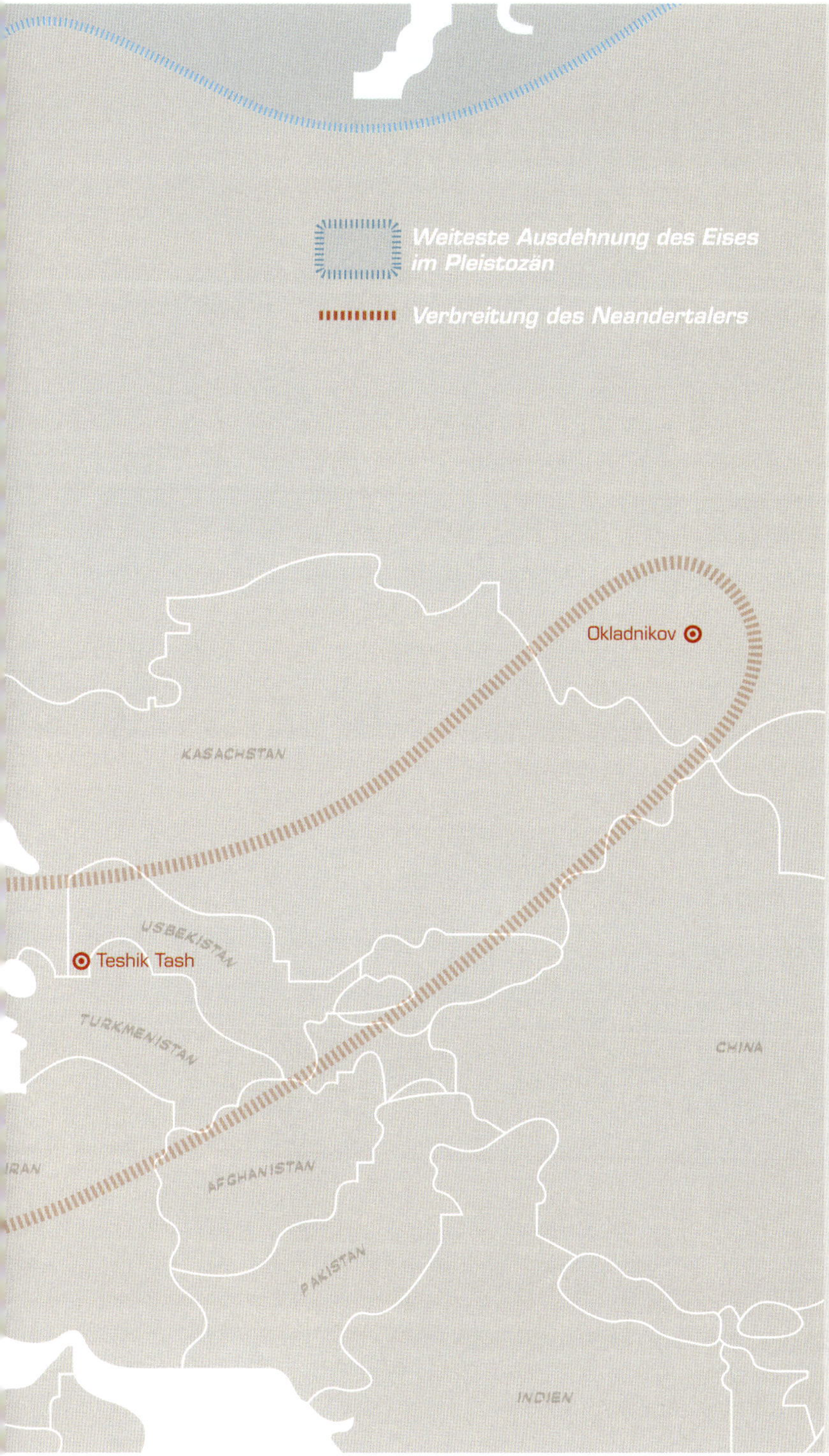


**Nicht nur im Neandertal zuhause**

Ein Klischee weniger: Die Wissenschaft hat längst herausgefunden, dass der Neandertaler kein „Höhlenmensch" war, sondern lediglich Höhleneingänge mitunter zum Schutz vor Raubtieren und als Lager- und Schlafplatz nutzte. Gegen die Kälte wappnete er sich mit Fellumhängen und Feuer. Es wurden auch Unterstände und Zelte gefunden, die aus Mammutknochen und -stoßzähnen gebaut waren. Eine Neandertaler-Gruppe bestand dabei aus ca. 15 bis 50 Personen aller Altersgruppen. Überdies nehmen die Forscher aufgrund geringer genetischer Unterschiede an, dass im Kerngebiet der Neandertaler nie mehr als ca. 7000 Personen gleichzeitig lebten.

Neandertaler wurden in ganz Europa, dem Nahen und Mittleren Osten und sogar in Südsibirien gefunden. Die südliche Grenze liegt in der Levante (Israel, Syrien), die nördliche in Südengland, die Küste Portugals bildet die westliche und das Altai-Gebirge in Südsibirien die östliche Grenze. Vor ca. 130.000 Jahren in der mittleren Altsteinzeit tauchen die ersten „klassischen Neandertaler" auf, vor ca. 28.000 Jahren verliert sich ihre Spur in den kargen Regionen Ostasiens und Südspaniens. Zu dieser Zeit waren sie durch Kälteeinbrüche und vielleicht auch das Vordringen des modernen Menschen bis in die südlichen Regionen Frankreichs, Spaniens und Portugals zurückgedrängt worden.

schaftlichen Namen: *Homo neanderthalensis*. Er ist nach dem *Homo sapiens* die am besten untersuchte und durch die meisten Fossilien belegte Menschenform, sein Artname ist geradezu zum Synonym für „Urmensch" geworden.

Das Ursprungsgebiet der Neandertaler lag vermutlich im südlichen Europa mit warm-gemäßigtem Klima. Während der letzten Warmzeit vor ca. 115.000 Jahren lebte diese Menschenform sogar in England. In den späteren kühleren Phasen breiteten sich die Neandertaler nach Osten und Süden aus: Sie bestatteten Tote im heutigen Israel, jagten auf der Krim, und einzelne Zähne belegen sogar ihre Anwesenheit im Altai-Gebirge nahe der chinesischen Grenze.

## Eine bekannte Größe

Neandertaler lebten während der Eiszeit und waren sehr gut an das kalte Klima angepasst. Sie waren gedrungen, ca. 1,60 m groß, durchschnittlich 75 kg schwer und hatten kurze Arme und Beine – kompakte Körper mit geringer Oberfläche können die Wärme in kalter Umgebung besser halten. Das Gesicht hatte eine breite Nase, ein vorspringendes Mittelgesicht, fehlende Wangenbeingruben, ein fliehendes Kinn und tiefliegende Augen unter einem großen Überaugenwulst. Der Hirnschädel ist lang und brotlaibförmig, mit einem deutlichen Hinterkopfhöcker. Es ist inzwischen durch molekularbiologische Analysen bekannt, dass die Neandertaler helle, zum Teil rote Haare, eine helle Haut und möglicherweise sogar Sommersprossen hatten.

Doch obwohl sie sehr muskulös und dadurch stärker und leistungsfähiger als der moderne Mensch waren, wurden Neandertaler selten älter als 35 oder 40 Jahre, waren oft verletzt und hatten häufig Knochen- und Gelenkserkrankungen. Die Kindersterblichkeit war sehr hoch. Beim Erreichen der Geschlechtsreife wurden Mitglieder des Clans vermutlich zwischen denGruppen „ausgetauscht". Das hatt eden positiven Effekt, dass Inzucht vermieden wurde. Die Neandertaler jagten mit Hilfe von Speeren und Lanzen und stellten zweiteilige Distanzwaffen her, deren Steinspitzen mit Birkenpech und Sehnen bzw. Pflanzenfasern an Holzschäften befestigt waren. Vermutlich erhitzten sie ihre Nahrung über selbst entfachten Feuern. Es gibt außerdem Hypothesen, die Kannibalismus in Zeiten der Nahrungsknappheit aber auch aus rituellen Gründen nicht ausschließen.

Ob der moderne Mensch die Neandertaler aktiv vertrieb, ob sie den Cro-Magnons auswichen oder ein friedliches Zusammenleben mit Familiengründungen stattfand, ist noch nicht geklärt. Eins ist sicher: Neandertaler und moderne Menschen haben in Zentraleuropa über 10.000 Jahre das selbe Gebiet bewohnt und sind sich bestimmt begegnet. Einige Forscher sehen in fossilen Funden Mischformen, andere bestreiten dies vehement und verweisen auf die Verschiedenartigkeit. Sie glauben, dass moderne Menschen und Neandertaler biologisch getrennte Arten waren und sich nicht miteinander fortgepflanzt haben.

Dass die Neandertaler prinzipiell sprechen konnten, ist durch Untersuchungen an Fossilien (Zungenbein und Schädelbasis) und molekularbiologische Analysen erwiesen. Ob die Neandertaler auf die gleiche komplexe Weise kommunizieren konnten wie der Jetztmensch, ist allerdings unklar.

**Kleines „Sprach"-Lexikon**

**Die Entwicklung der Sprachfähigkeit** im Laufe der menschlichen Evolution kann nicht direkt untersucht werden. Hinweise auf die Entwicklung der oben im Haupttext genannten vier Elemente lassen sich aber aus menschlichen Fossilien und archäologischen Artefakten erschließen.

**Wichtige Sprachareale im Gehirn** sind das Broca-Zentrum, das Wernicke-Zentrum und das sie verbindende Bogenbündel (Fasciculus arcuatus). Die Gehirne fossiler Menschenformen sind nicht erhalten. Ausgüsse der Hirnschädel vermitteln aber Eindrücke der äußeren Form der Gehirne.

**Das Broca-Zentrum** steuert die Sprachmotorik, Lautbildung, Lautanalyse, Artikulation und die Bildung abstrakter Wörter. Eine leichte Wölbung dieses Areals ist bereits bei Schimpansen und *Australopithecus africanus* festzustellen.

**Das Wernicke-Zentrum** dient der Sprachwahrnehmung und logischen Sprachverarbeitung. Eine besondere Ausbildung dieses Areals ist erst bei frühen Vertretern der Gattung *Homo* sicher zu beobachten.

**Sprachfähig?** Für einige Wissenschaftler sind die verstärkten Ausprägungen des Broca- und des Wernicke-Zentrums bei *Homo habilis* Belege für dessen Sprachfähigkeit. Andere weisen jedoch darauf hin, dass die Areale möglicherweise ursprünglich anderen Funktionen dienten und erst später Sprachfunktionen übernahmen. Soweit man das an Ausgüssen beurteilen kann, besaßen *Homo habilis* und wohl auch *Homo rudolfensis* ab ca. 2,5 Millionen Jahren vor heute die entsprechenden Hirnstrukturen. Wie diese aber tatsächlich genutzt wurden, ist nicht bekannt.

**„Ich rede mit dir!"** Hinweise auf den Bau des Rachenraums bietet das fossil sehr selten erhaltene Zungenbein. Es ist unterhalb der Zunge mit Muskeln und Bändern an der Schädelbasis fixiert, und an seiner Unterseite sind Luftröhre und Kehlkopf aufgehängt. Betrachtet man die Zungenbeinfragmente von *Homo heidelbergensis*, spricht nichts gegen eine Lautbildungsfähigkeit wie bei modernen Menschen. Ob die Laute Worte bildeten, bleibt aber ungewiss.

**„Hör mir zu!"** Gut erhaltene Teile des Außen- und Mittelohrs von *Homo heidelbergensis* erlauben die Modellierung der Lautwahrnehmungsfähigkeit. Die für heutige gesprochene Sprache wichtigen Frequenzbereiche zwischen 2 bis 4 kHz wurden bereits vor 300.000 bis 600.000 Jahren ähnlich wie bei modernen Menschen gut wahrgenommen. Ob in diesen Tonfrequenzen Worte gehört wurden, ist aber ebenfalls ungewiss.

## Bewegende Worte – Sprache und Kultur

Die Entwicklung der Sprachfähigkeit war ein vielschichtiger Prozess, den die Wissenschaft bislang nur teilweise versteht. Aber schon vor etwa 400.000 Jahren waren Lautbildung und Lautwahrnehmung wahrscheinlich bereits auf einem modernen Niveau. Sprache diente im Laufe der Entwicklung zunehmend als sozialer Regulationsfaktor

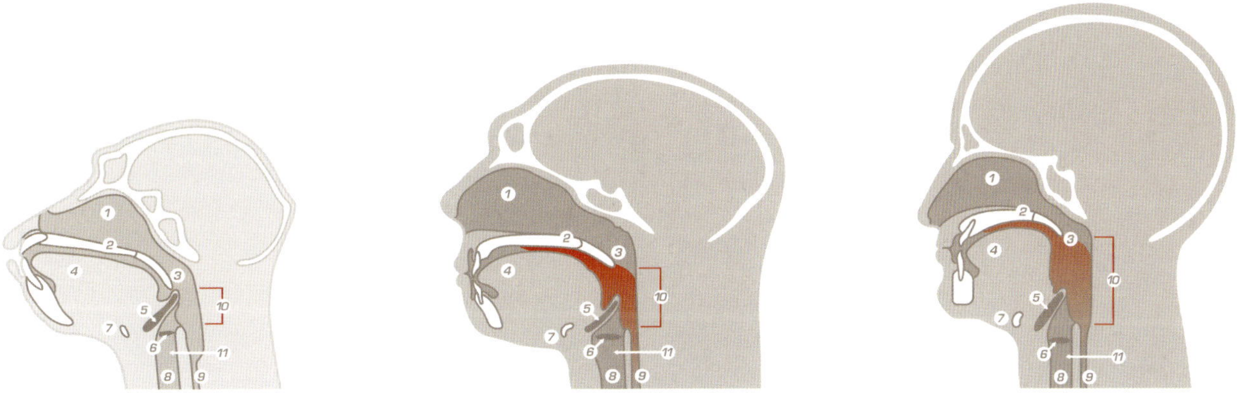


1. Nasenhöhle
2. Harter Gaumen
3. Gaumensegel
4. Zunge
5. Kehldeckel
6. Stimmbänder
7. Zungenbein
8. Luftröhre
9. Speiseröhre
10. Rachen
11. Kehlkopf

**Längsschnitt des Kopfes eines Schimpansen, Neandertalers und modernen Menschen** zur Beurteilung der Lage der lautbildenden Teile (Kehlkopf und Rachenraum)

– sicher hat sie den Erfolg der Gattung *Homo* und ihre Ausbreitung von Afrika über die ganze Welt beeinflusst.

## Vor dem Satzbau stand der Körperbau

Anatomisch-mechanische Voraussetzungen zur Erzeugung einer artikulierten Sprache sind im Bereich der Zunge, der Zähne, des Rachens und des Kehlkopfes zu finden. Bei Schimpansen liegt der Kehlkopf sehr weit oben, so dass der Rachenraum kurz ist und sich nur begrenzt zur Lautbildung eignet. Neandertaler zeigen in dieser Hinsicht eine ähnliche Morphologie wie Schimpansen, ihr Kehlkopf liegt jedoch etwas tiefer und gibt mehr Resonanzraum frei. Die Luftsäule ist allerdings noch immer so kurz, dass für die Neandertaler eine Sprache mit hohen Tönen und geringer Modulationsfähigkeit angenommen wird. Der moderne Mensch besitzt hingegen durch eine Absenkung des Kehlkopfes und Aufwölbung des knöchernen Gaumens einen erheblich verlängerten Rachenraum und ist damit fähig, Laute sehr variabel zu modulieren.

## Wissen teilen

Es gibt übrigens keinen Grund, warum die damaligen Menschenarten nur eine Sprache gesprochen haben sollten. Heute gibt es mehr als 6.500 Sprachen weltweit, die man systematisch nach „ursprünglich“ und „abgeleitet“ ordnen kann. Forscher versuchen sogar anhand dieser Veränderungen eine Art Ursprache zu rekonstruieren. Nach den Prinzipien des Aktualismus müsste eine ähnliche Vielfalt – in Relation zur weit geringeren Anzahl an Menschen – auch damals vorgelegen haben.

Sprache erleichtert die Weitergabe und Weiterentwicklung von Ideen. Denn Wissen wird der Gemeinschaft durch aktive Vermittlung mit Hilfe von Sprache leichter zugänglich gemacht, Erfahrungen und Neuerungen können schnell verbreitet werden und Ideen leichter aufeinander aufbauen. Auch kann Sprache eine Ordnung in die (fast) unbegrenzten Handlungsmöglichkeiten des Menschen bringen. Ihre volle Wirkung entfaltet sie beim Gedankenaustausch in der Gruppe. Und nur so konnten auch symbolträchtige Kunst- und Schmucktraditionen ab ca. 70.000 Jahren vor heute entstehen.

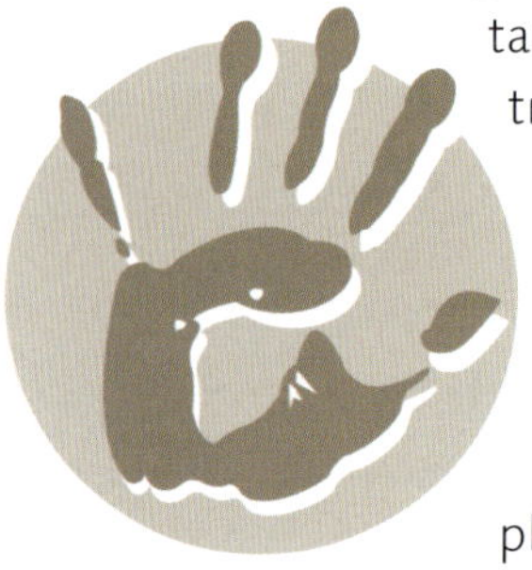

## Kunst-Stücke

Kultureller „Big-Bang“: Vor ungefähr 40.000 bis 35.000 Jahren tauchen Malereien und figürliche Darstellungen plötzlich und in großer Zahl auf. Die Lebensweise der Cro-Magnon-Menschen hatte sich durch technische und soziale Neuerungen soweit verändert, dass ein Überfluss an Nahrung vorhanden war und Behausungen sowie das Leben in großen Gruppen ein hohes Maß an Sicherheit boten. Und ein Leben, das nicht mehr auf die reine Selbsterhaltung ausgerichtet ist, bietet schließlich Raum für geistige Betätigung – wie die Schaffung von Kunst.

## Lebenskünstler und Künstlerleben

Kunstwerke der Altsteinzeit, wie Höhlenmalereien und Großskulpturen, wurden vermutlich für die Gemeinschaft geschaffen, während transportable Kleinobjekte, wie Schmuck und Figürchen, wohl eher einem einzelnen Menschen gehörten. Mutmaßlich waren die

Verzierungen von meist sehr schwer zugänglichen Höhlenwänden kultische Symbole und hatten mystischen Charakter. Es ist vorstellbar, dass Schamanen Jagdzauber, Initiationsriten und Kulthandlungen dort abgehalten haben. Bewegliche Kleinkunst wiederum wurde von den Besitzern möglicherweise als Talisman, Erkennungszeichen oder Schmuck getragen.

Die Interpretation der auf den Wänden oft übereinander liegenden Malereien und Gravuren, die Tiere in unterschiedlichster Größe, Kombination und Haltung zeigen, ist nach wie vor schwierig. Sicher ist, dass die Menschen des Paläolithikums eine vielschichtige Glaubenswelt hatten, die mit den großen sozialen Veränderungen der damaligen Zeit einhergingen.

**Höhlenmalereien aus der Höhle von Lascaux** in Südfrankreich; Alter: 15.000 Jahre

## Aus Felslöchern werden Galerien

200 Höhlen mit altsteinzeitlichen Malereien und Kunstwerken sind bis heute bekannt. Davon liegen 180 im äußersten Süden Frankreichs und in Nordspanien, also im franko-kantabrischen Kernland. Allein im südfranzösischen Department Dordogne wurden ca. 1.400

**Frauendarstellungen der jüngeren Altsteinzeit aus verschiedenen Regionen Eurasiens.**

Obere Reihe von links nach rechts:

**1 - 3 Venusdarstellungen von Dolní Véstonice,** Tschechien; Alter: 29.000 bis 25.000 Jahre

**4 Venus von Gagarino am Don,** Ukraine; Alter: 22.000 Jahre

Untere Reihe von links nach rechts:

**1 Venus von Lespugue,** Südfrankreich; Alter: etwa 25.000 Jahre

**2 Venus von Mal'ta,** Sibirien; Alter: 23.000 Jahre

**3 Venus von Serpentin,** Süditalien; Alter: 25.000 bis 18.000 Jahre

**4 Venus von Willendorf,** Österreich; Alter: etwa 25.000 Jahre

**Venus von Hohle Fels,** Deutschland; Alter: etwa 40.000 Jahre

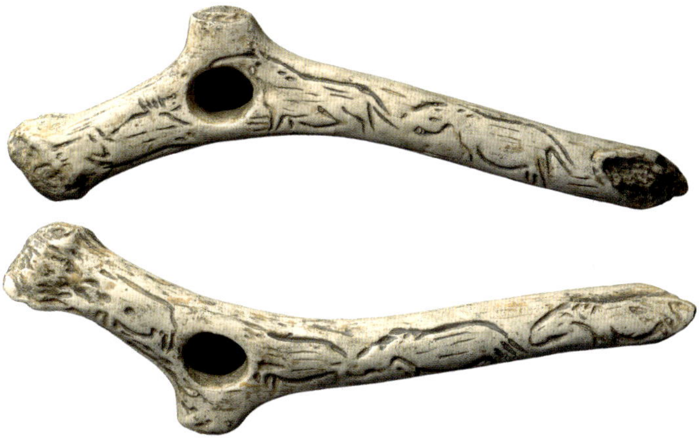

Lochstab mit Wildpferd-Ritzzeichnungen, Südfrankreich; Alter: 14 - 12.000 Jahre

bewegliche Kunstobjekte gefunden, was 80 Prozent der bisher bekannten Objekte entspricht. Diese örtliche Konzentration hat vermutlich demographische, ökonomische und soziale Gründe. Das südwestliche Europa bot den damaligen Menschen eine Fülle an Nahrungsmitteln, die Sesshaftigkeit förderte und das nomadische Leben weniger notwendig machten. Dieses „vor Ort bleiben" war, so wird vermutet, der Grund für die regionale Konzentration von Höhlenmalereien vor 17.000 bis 12.000 Jahren. Während die südlich der Eisgrenze lebenden nomadischen Großwildjäger der Steppen und Tundren eher transportable Kleinkunst mit sich führten, gestalteten die Ansässigen mystische Kultstätten. Vor ca. 20.000 Jahren lebten ungefähr 10.000 Menschen in Europa, davon alleine 400 bis 600 unter den Felsüberhängen (Abris) im Vézerè-Flusstal in Südwestfrankreich.

## Schwäbische Kleinkunst-Menagerie

Am Südrand der Schwäbischen Alb in Baden-Württemberg beherbergen vier Karsthöhlen einzigartige Relikte: die ältesten künstlerischen Artefakte der Welt! Darunter befinden sich Venusdarstellungen, ursprüngliche Instrumente sowie sehr vielfältige Tierdarstellungen von Mammuts, Raubkatzen, Wildpferden und Vögeln aus einer Zeit von 35.000 bis 40.000 Jahren.

## Die Reise geht weiter

Die Entwicklung des Menschen dauert fort. Zwar hat sich *Homo sapiens* seit der späten Altsteinzeit anatomisch nicht mehr verändert, doch wurden seine Werkzeuge immer komplexer; er ent-

**Tierdarstellungen der jüngeren Altsteinzeit**

**Ritzzeichnungen aus Marokko** (links)
**Mammut aus der Vogelherd-Höhle** in Süddeutschland; Alter: 35.000 Jahre

**Steppenwisent von La Madeleine,** Südfrankreich; Alter: 22.000 Jahre (links)
**Speerschleuderverzierung – Mammut aus Bruniquel,** Südfrankreich; Alter: 14.000 Jahre

**Rind von La Madeleine,** Südfrankreich; Alter: 20.000 Jahre (links)
**Höhlenlöwe aus der Vogelherd-Höhle** in Süddeutschland; Alter: 35.000 Jahre

wickelte die sesshafte Lebensweise mit Ackerbau und Viehzucht, erfand die Schrift und lebte in immer größer werdenden Gesellschaften, die Gesetze und Politik entwickelten. Menschen leben heute in nahezu jeder Region der Erde, sprechen tausende Sprachen, ernähren sich sehr unterschiedlich und haben äußerst variable Gesellschaften geformt. Und die Reise des *Homo sapiens* durch die Zeiten geht weiter – Tag für Tag …

# DAS SAGEN DIE EXPERTEN

**Prof. Dr. Friedemann Schrenk:**

*Biologie und Kultur sind untrennbar miteinander verknüpft. Die Wurzeln der Kultur liegen in der Natur selbst. Sie ist nicht von einem Menschen erfunden worden, sondern basiert auf der Kulturfähigkeit, die schon viel früher als ein Erbe aus dem Tierreich vorhanden war. Der Mensch ist geprägt durch seine Abstammung von den großen Menschenaffen. Was es jedoch im Tierreich nicht gibt, ist der Gebrauch von Symbolen. Diese Fähigkeit des Menschen führte auch zu den ersten Kunstobjekte und unserer symbolhaften Sprache. Zwar kann man mit einem Schimpansen durchaus kommunizieren, aber die Kombination einzelner Teile in einer anderen oder neuen Weise oder in einer symbolhaften Übertragung, ist ihm nicht möglich. Und das ist es, was den Menschen ausmacht.*

*Während es eine biologische Errungenschaft des Menschen ist, Generalist und sehr anpassungsfähig zu sein, zählen die Spezialisierungen, die entwickelt wurden, um sich von der Umwelt unabhängig zu machen zu den kulturellen Errungenschaften.*

**Dr. Ottmar Kullmer:**

*Für mich persönlich ist es wichtig, dass die Ausstellung vermittelt, dass es eines interdisziplinären Vorgehens bedarf, um etwas über die Herkunft des Menschen zu erfahren. Dazu sind sehr viele verschiedene Arbeitsschritte und Analysen nötig, von der Entdeckung der Fossilien bis hin zu ihrer Interpretation. Es ist eigentlich ein Puzzlespiel, das man betreibt.*

*Der Weg zum modernen Menschen war sehr komplex, und sehr viele Faktoren haben dabei eine Rolle gespielt. Es wird allzu oft vergessen, dass z.B. die klimatischen Bedingungen, die Ernährung, der aufrechte Gang, die Entwicklung von Werkzeugen, des Sozialverhaltens – nicht als Einzelfaktoren für die Entwicklung verantwortlich waren, sondern in einem komplizierten Zusammenspiel das aus uns machten, was wir heute sind.*

*Der Besucher kann in der Ausstellung etwas über die Meilensteine auf dem Weg zur Menschwerdung erfahren – und darüber hinaus erleben, das der Weg zum Menschen verzweigter war, als man sich das bislang vorstellte. Die Rekonstruktionen der Köpfe sind letztendlich ein Resultat der Puzzlesteine, die wir haben.*

# GESICHTER DER FAMILIE MENSCH

## DIE AHNENGALERIE

**Präsentation mit Köpfchen: Wichtigster Bestandteil der Konzeption und zentrales Element der Zeitreise durch die Menschheitsgeschichte ist die weltweit einzigartige Inszenierung von 27 lebensecht und mit individuellen Gesichtszügen versehenen Kopfmodellen!**

Sie wurden auf der Grundlage von Originalfunden nach forensischen Methoden rekonstruiert – es werden also keine „Idealtypen" der einzelnen Arten gezeigt, sondern vielmehr eigenständige Individuen. Die ausgewählten Exponate unterscheiden sich dabei so voneinander wie wir heute, mit Kindern, Jungen, Alten, Frauen und Männern. Und jedes Individuum erzählt seine eigene Geschichte: wo es lebte, woran es vermutlich starb, wovon es sich ernährte und vieles mehr. Von Angesicht zu Angesicht werden auf diese Weise sieben Millionen Jahre Menschheitsgeschichte sowohl visuell, als auch haptisch erlebbar gemacht.

### Kopfarbeit

Schon seit jeher möchte der Mensch wissen, wie seine Vorfahren ausgesehen haben. Knochen und Schädel können versteinern und später ausgegraben werden, doch die Weichteile bleiben nicht erhalten. Daher versuchen Bildhauer, Zeichner und Maler auf ihre Weise und im Einklang mit aktuellen wissenschaftlichen Erkenntnissen zu Anatomie und Lebensweise die Vor- und Frühmenschen zum Leben zu erwecken.

Bei Weichteilrekonstruktionen auf der Grundlage von Schädelfossilien greifen die Künstler auf gerichtsmedizinische Techniken, wie die „forensische Gesichtsrekonstruktion", zurück: Dabei werden auf dem Schädel bekannte Weichteildicken an spezifischen Punkten (Land-

**Die Brüder Adrie und Alfons Kennis aus den Niederlanden** bei der Anfertigung von Urmenschen-Rekonstruktionen marks) durch verschieden lange Stifte (Abstandshalter) markiert. In einem zweiten Schritt werden die Schädel- und Gesichtsmuskeln mit Tonmasse aufgetragen, Augen eingesetzt und anschließend Drüsen, Unterhaut und die Gesichtshaut darüber modelliert. Wahre Meister in dieser Kunst sind die Zwillinge Alfons und Adrie Kennis aus den Niederlanden. Doch trotz aller Objektivität bleiben auch bei diesem ausgefeilten Verfahren Unsicherheiten: Wurden Geschlecht und Alter korrekt bestimmt, war der Mensch schlank oder fettleibig, wie war seine Mimik, welche Augen- und Hautfarbe hatte er, wie trug er die Haare und die Gesichtsbehaarung? Letzteres hat einen enormen Einfluss auf das Identifizierungspotential, deshalb werden die Gesichter oft neutral und ohne Haare anfertigt. Im Bereich der Urmenschen kommen weitere Spekulationen hinzu, die sich aufgrund der spärlichen und selten vollständig erhaltenen Funde, der geringen Menge von Weichteildaten für Menschenaffen und dem Mosaik aus ursprünglichen und modernen Merkmalen ergeben.

## Neue Gesichtspunkte

Lebendrekonstruktionen sind künstlerische Kreationen und damit auch stark beeinflusst von der jeweiligen Zeit mit ihren Moden und Vorstellungen. Ein Beispiel: Bis vor kurzem wurden Neandertaler als äffisch brutale Höhlenmenschen mit Keule und voller Körperbeharrung als buchstäblich „buckelige Verwandtschaft" dargestellt. Inzwischen weiß man, dass sie zwar weniger innovativ als der moderne Mensch, aber dennoch weit entwickelt waren und ein komplexes Sozialverhalten aufwiesen – Keulen wurden bisher nicht gefunden!

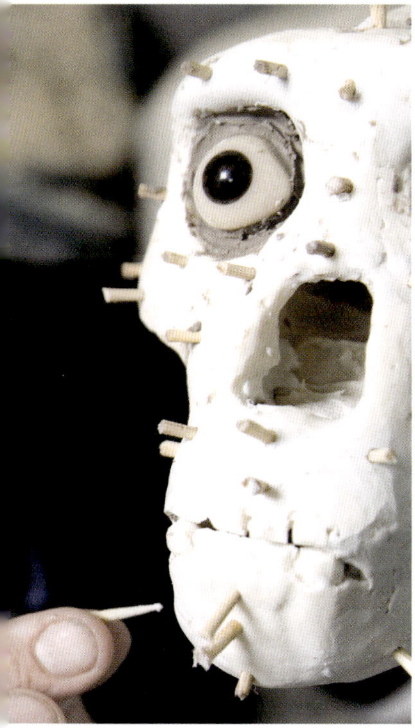

Oben links
**Die Weichteildicken werden auf dem Schädel und an bestimmten Punkten mit Stiften markiert, die Augen werden in diesem frühen Stadium eingesetzt**

Oben rechts
**Kau- und Gesichtsmuskulatur sowie Drüsen und Haut werden nach anatomischen Vorlagen mit Ton aufmodelliert**

Unten links
**Die fertige Ton-Rekonstruktion wird abgeformt, und diese Form wird verwendet um Kopien (Abgüsse) herzustellen**

Unten rechts
**Der Abguss wird aus der Form genommen und abschließend bearbeitet**

**Fundbezeichnung:** TM 266-01-060-1 (TM = Toros-Menalla), „Toumaï"

**Fund:** Schädel einer möglicherweise weiblichen Erwachsenen, Unterkieferteile und Einzelzähne, gefunden im Jahr 2001

**Fundort:** Toros-Menalla, Djurab Wüste, Tschad

**Geschätzte Größe:** 1,20 bis 1,40 m, 30 bis 40 kg

**Lebte vor:** 6,8 bis 7,2 Millionen Jahren

# SAHELANTHROPUS TCHADENSIS

*Sahelanthropus* ist das älteste bekannte Fossil aus der Stammlinie des Menschen. Die Entdecker erkennen Merkmale, die eine Verkürzung der Schnauzenregion, eine Verkleinerung der Eckzähne und eine aufgerichtete Körperhaltung belegen. Anderen Experten erscheint diese Analyse aufgrund der starken Deformationen aber noch fraglich. Einige Forscher sehen in der Art aufgrund ihres Alters von 7 Millionen Jahren einen gemeinsamen Vorfahren von Schimpanse und Mensch.

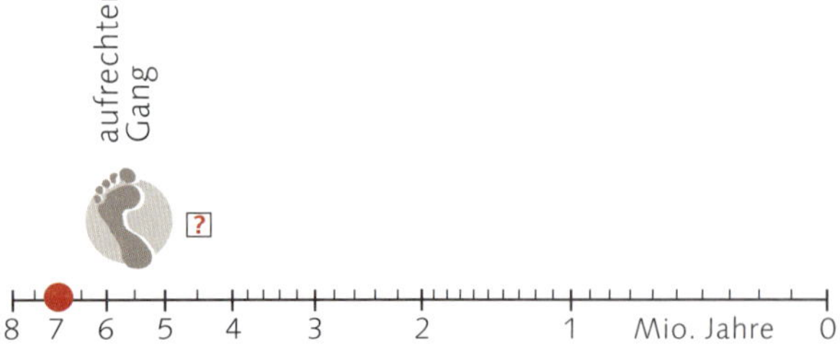

# *AUSTRALOPITHECUS AFARENSIS*

Von diesen Vormenschen wurden in der Region Hadar in Äthiopien rund 240 Reste gefunden, die 17 Individuen zugeordnet werden (darunter neun Erwachsene, drei Jugendliche und fünf Kinder). Die Gruppe wird auch als „First Family", als „erste Familie", bezeichnet. Man vermutet, dass die Knochen zusammengeschwemmt, von Sediment bedeckt wurden und anschließend versteinerten. An der einzigartigen Fundgruppe lassen sich Unterschiede zwischen den Geschlechtern und den Altersstufen deutlich erkennen. Alle Individuen zeigen ein ähnliches Aussehen, das mit dem Jahrhundertfund „Lucy" vergleichbar ist.

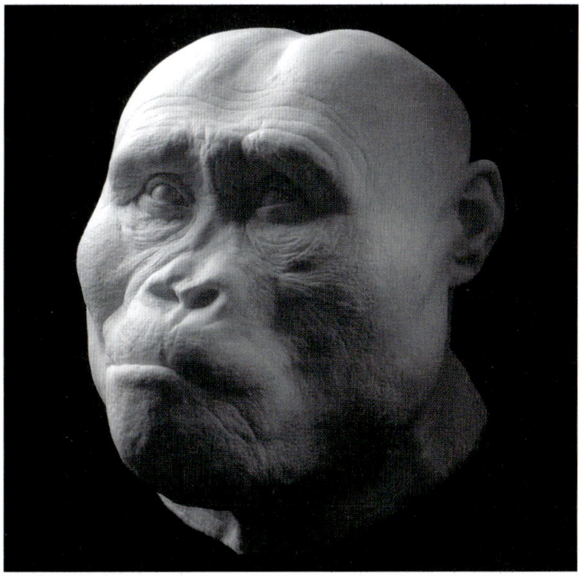

**Fundbezeichnung:**
NME AL 333
(NME AL = National Museum of Ethiopia, Afar Locality)

**Fund:** Schädel und Unterkiefer aus Teilen verschiedener erwachsener Individuen zusammengesetzt, gefunden am 2. November 1975

**Fundort:** Hadar, Afar-Region, Äthiopien

**Geschätzte Größe:**
1,20 bis 1,40 m, 20 bis 50 kg

**Lebte vor:**
etwa 3,2 Millionen Jahren

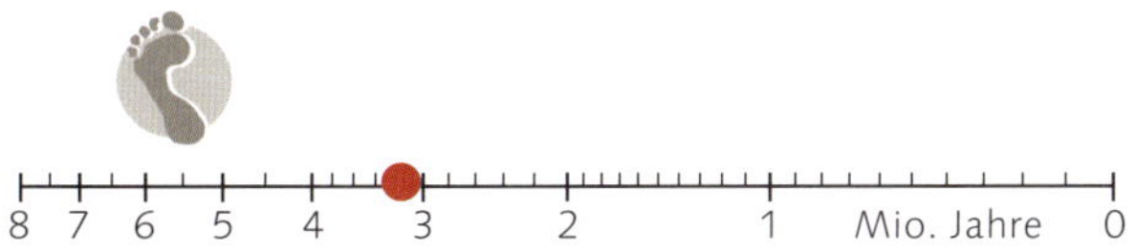

# *AUSTRALOPITHECUS AFRICANUS*

Robert Broom fand 1947 den komplett erhaltenen Schädel eines ausgewachsenen Individuums, das er als weiblichen *Australopithecus africanus* identifizierte („Mrs. Ples"). Er konnte durch diesen Fund die Hypothesen von Raymond Dart zu Entwicklung, Alter und Größe des „Taung-Kindes" (Seite 112) bestätigen. Auf der Innenseite des Hirnschädels haben sich Kristalle gebildet. Die Fundsituation zeigt, dass „Mrs. Ples" offenbar in eine Aushöhlung im Kalksteinboden gestürzt ist, die sich später mit Sediment gefüllt hat.

**Fundbezeichnung:** STS 5
(STS = Sterkfontein Specimen), „Mrs. Ples"

**Fund:** Schädel einer vermutlich weiblichen Erwachsenen, gefunden am 18. April 1947

**Fundort:** Sterkfontein, Südafrika

**Geschätzte Größe:**
1,30 m, 30 bis 40 kg

**Lebte vor:** etwa 2,5 Millionen Jahren

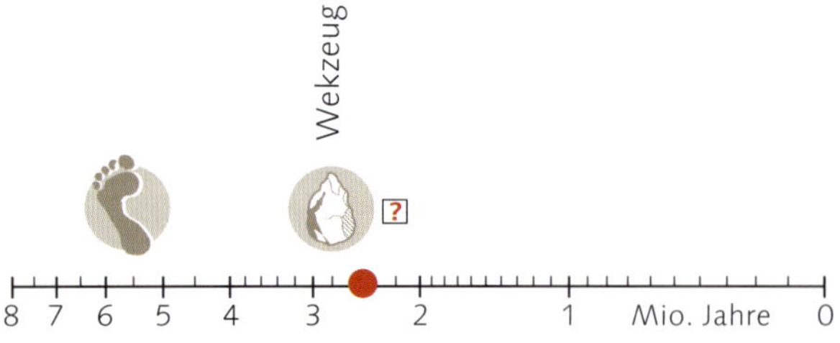

# *PARANTHROPUS AETHIOPICUS*

Dieser Schädel vom Westufer des Turkana-Sees besitzt den größten und massivsten Scheitelkamm, der je bei einem Homininen entdeckt wurde – mit 410 cm³ blieb das Gehirn allerdings klein. Das weit vorstehende breite, flache und konkave Gesicht sowie der Kiefer und die extrem vergrößerten Mahlzähne sind massiv gestaltet und weisen auf hohe Beißkräfte und das Kauen hartfaseriger Pflanzennahrung hin. Durch Einlagerung manganhaltiger Mineralien ist das Fossil schwarzblau gefärbt.

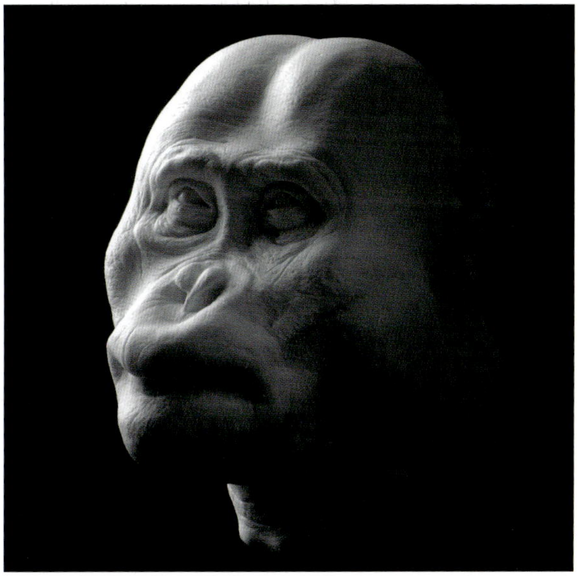

**Fundbezeichnung:** KNM-WT 17000 (KNM-WT = Kenya National Museum, West Turkana), „Black Skull"

**Fund:** Schädel eines vermutlich männlichen Erwachsenen, gefunden am 29. August 1985

**Fundort:** West Turkana, Kenia

**Geschätzte Größe:** 1,30 m, 30 bis 40 kg

**Lebte vor:** etwa 2,5 Millionen Jahren

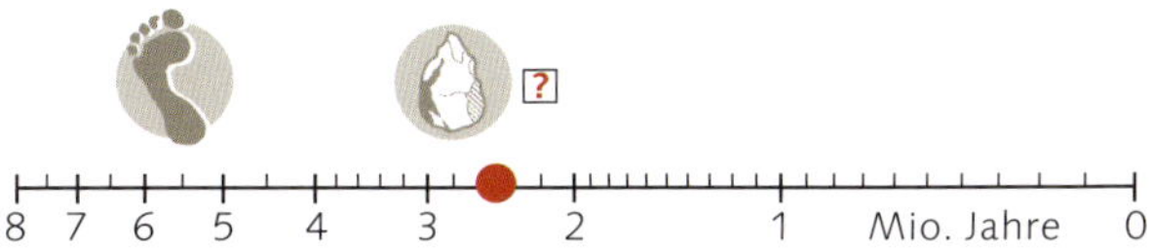

# *AUSTRALOPITHECUS AFRICANUS*

Der Artname *Australopithecus africanus* wurde anhand des „Kindes von Taung" erstmals vergeben. Spuren am Schädel deuten darauf hin, dass es von einem Greifvogel verschleppt und vermutlich gefressen wurde. Das Schädelvolumen von 405 $cm^3$ lässt sich am natürlich erhaltenen Schädelausguss („Steinkern") ermitteln. Für ein erwachsenes Individuum ergeben sich zirka 440 $cm^3$, was der Hirngröße eines Schimpansen entspricht. Die Eckzähne sind zurückgebildet, die so genannte „Affenlücke" fehlt, und der Schädel ist graziler gestaltet als der eines Menschenaffen. Das Alter des Kindes wird aufgrund des Zahnwechsels und der äußeren Gestalt des Schädels auf etwa drei Jahre geschätzt.

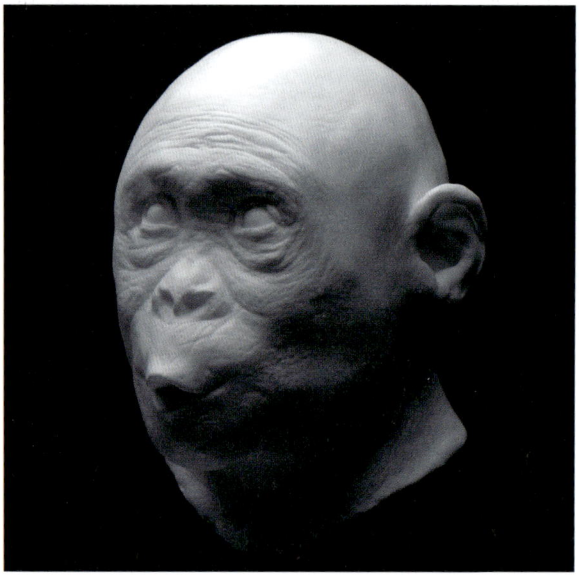

**Fundbezeichnung:** TAUNG, „Kind von Taung"

**Fund:** Schädel und Unterkiefer eines Kindes und versteinerter Hirnschädelausguss, gefunden am 28. November 1924

**Fundort:** Taung, Südafrika

**Geschätzte Größe:** 1 m, 35 kg

**Lebte vor:** etwa 2,3 Millionen Jahren

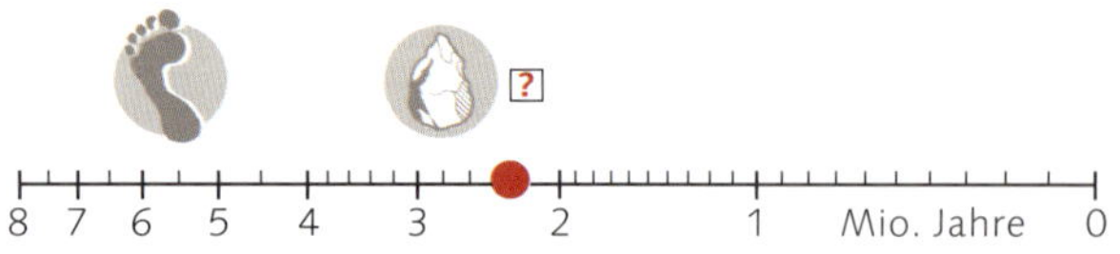

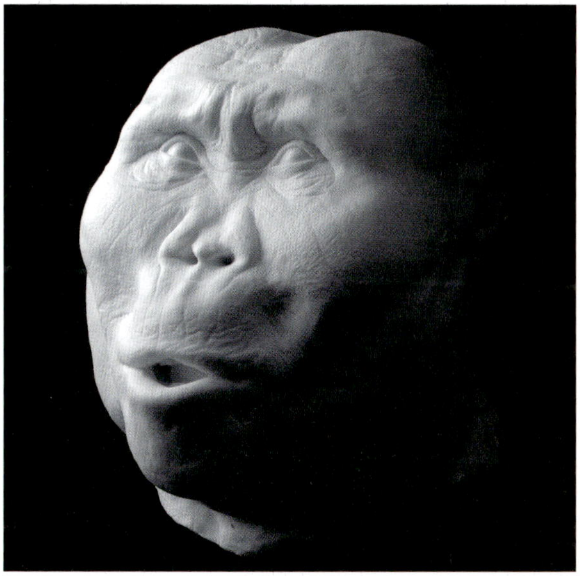

**Fundbezeichnung:** OH 5 (OH = Olduvai Hominid), „Zinj“ oder „Nutcracker“

**Fund:** Schädel eines männlichen Erwachsenen, gefunden am 17. Juli 1959

**Fundort:** Olduvai-Schlucht, Tansania

**Geschätzte Größe:** 1,40 m, 50 kg

**Lebte vor:** etwa 1,8 Millionen Jahren

# PARANTHROPUS BOISEI

„Zinj“ wurde als männliches *Paranthropus*-Exemplar identifiziert und aufgrund der Einzigartigkeit des massiven Kauapparates und des damit einhergehenden Baus des gesamten Schädels als eigene Art „*Paranthropus boisei*“ definiert. Er ernährte sich von hartfaserigen Gräsern, Samen, Wurzeln und Pflanzenknollen, die er vermutlich mit Hilfe von Grabstöcken oder Knochen ausgrub. Weibliche und männliche Individuen unterschieden sich sowohl in Größe, als auch Körpergewicht erheblich voneinander.

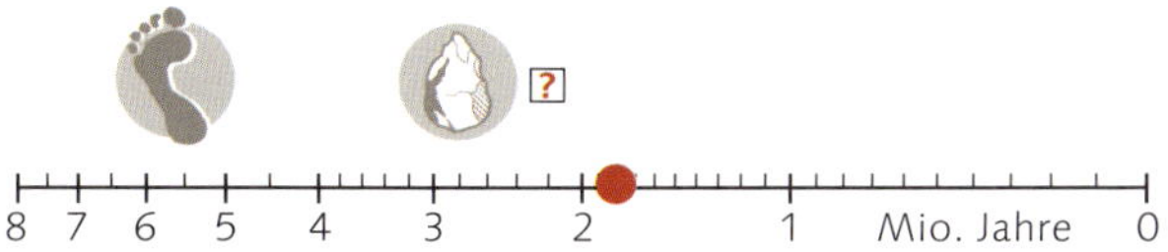

# *PARANTHROPUS BOISEI*

Der Schädel stammt von einem jugendlichen, möglicherweise männlichen Individuum. Es wurde bei einer großen Grabungskampagne im Jahr 1986 westlich des Turkana-Sees gefunden und zeigt die typischen Merkmale des *Paranthropus boisei*. Mit einem Volumen von zirka 400 $cm^3$ entspricht das Gehirn in seiner Größe, dem eines Schimpansen. Auffällig sind die im Röntgenbild erkennbaren großen Nasen-, Stirn- und Kieferhöhlen.

**Fundbezeichnung:** KNM-WT 17400 (KNM-WT = Kenya National Museum, West Turkana)

**Fund:** Schädel eines möglicherweise männlichen Jugendlichen, gefunden im Jahr 1986

**Fundort:** West Turkana, Kenia

**Geschätzte Größe:** 1,30 m, 30 bis 40 kg

**Lebte vor:** etwa 1,7 Millionen Jahren

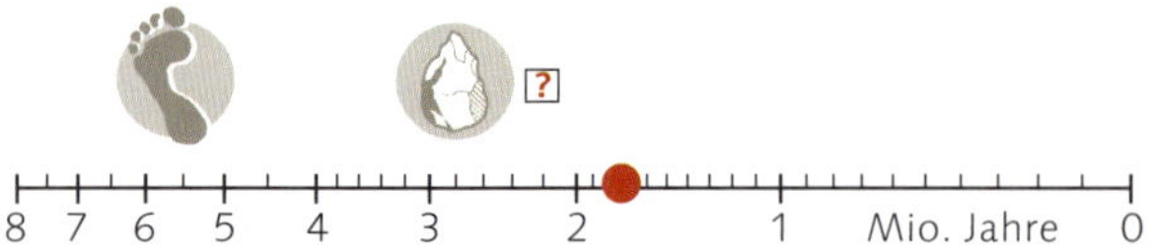

**Fundbezeichnung:** KNM-ER 1813
(KNM-ER = Kenya National Museum, East Rudolf)

**Fund:** Schädel einer vermutlich weiblichen Erwachsenen, gefunden im Jahr 1973

**Fundort:** Koobi Fora, Kenia

**Geschätzte Größe:**
1,20 m, 35 bis 40 kg

**Lebte vor:**
1,9 bis 1,8 Millionen Jahren

# *HOMO HABILIS*

Die Artbezeichnung „*habilis*" („fähig, geistig, geschickt") wurde gewählt, weil in dieser Region gefundene Steinwerkzeuge mit diesem Menschentyp in Verbindung gebracht werden. Im Vergleich zu seiner geringen Körpergröße besaß er ein relativ großes Gehirn mit einem Volumen von 510 $cm^3$. Seine Ernährung bestand vermutlich überwiegend aus pflanzlicher Nahrung, Fleisch ergänzte die Nahrungspalette Als Quelle für tierisches Eiweiß diente nicht nur verendetes Großwild bzw. Aas, sondern auch Raupen, Eier, Vögel und kleine Säugetiere. *Homo habilis* war aufgrund seiner Körpergröße allerdings meist eher der Gejagte als der Jäger.

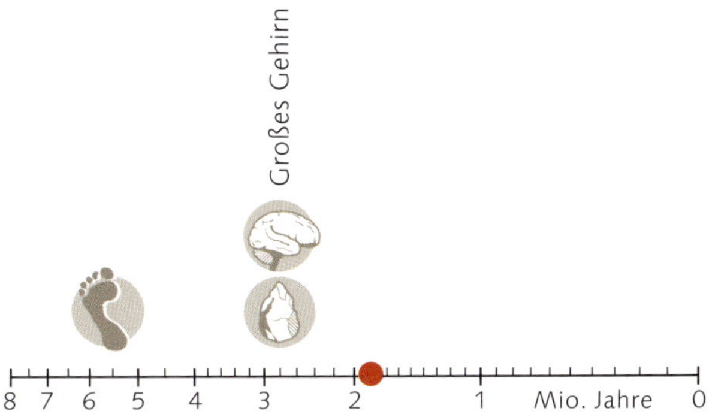

# *HOMO RUDOLFENSIS*

Das aus zirka 150 Einzelteilen bestehende Fossil „KNM-ER 1470" ist der namensgebende Fund für diese Art. Auffällige Merkmale sind die mit 752 cm$^3$ um 70 Prozent höhere Hirnschädelkapazität gegenüber *Australopithecus* sowie ein flaches Gesicht. Bezahnung und Lebensweise ähneln eher der eines *Australopithecus*, weshalb die Zuordnung zur Gattung *Homo* noch diskutiert wird. *Homo rudolfensis* gebrauchte vermutlich Steinwerkzeuge, war ein Allesesser und bewohnte die baumbestandenen Uferzonen des Turkana-Sees in Ostafrika.

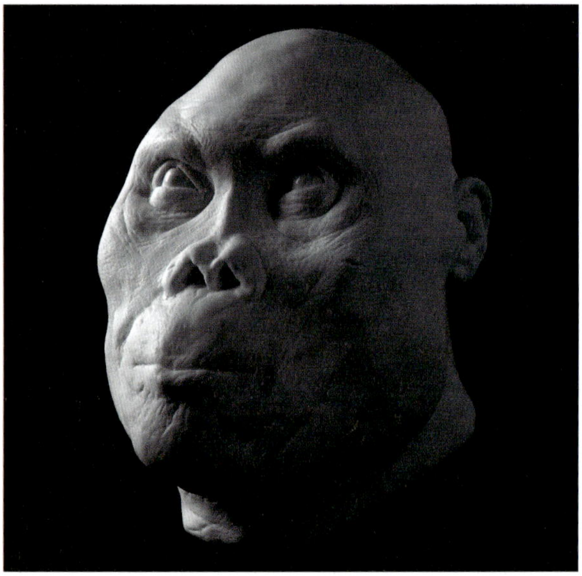

**Fundbezeichnung:** KNM-ER 1470
(KNM-ER = Kenya National Museum, East Rudolf)

**Fund:** Schädel eines vermutlich männlichen Erwachsenen, gefunden im August 1972

**Fundort:** Koobi Fora, Kenia

**Geschätzte Größe:** 1,55 m, 50 bis 60 kg

**Lebte vor:** 1,9 bis 1,8 Millionen Jahren

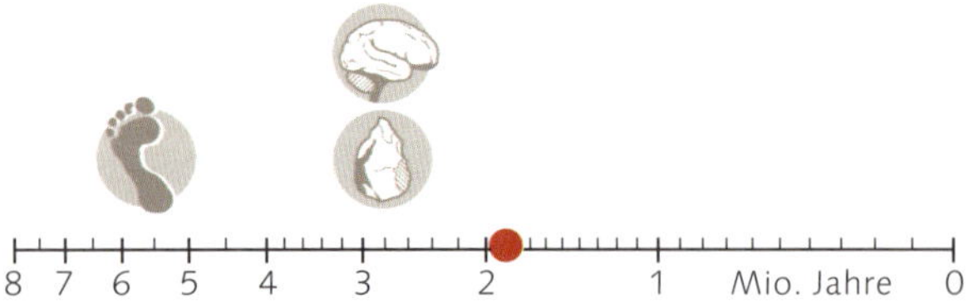

**Fundbezeichnung:** KNM-ER 3733
(KNM-ER = Kenya National Museum, East Rudolf)

**Fund:** Schädel einer weiblichen Erwachsenen, gefunden im Jahr 1975

**Fundort:** Koobi Fora, Kenia

**Geschätzte Größe:**
1,60 m, 50 bis 60 kg

**Lebte vor:** etwa 1,78 Millionen Jahren

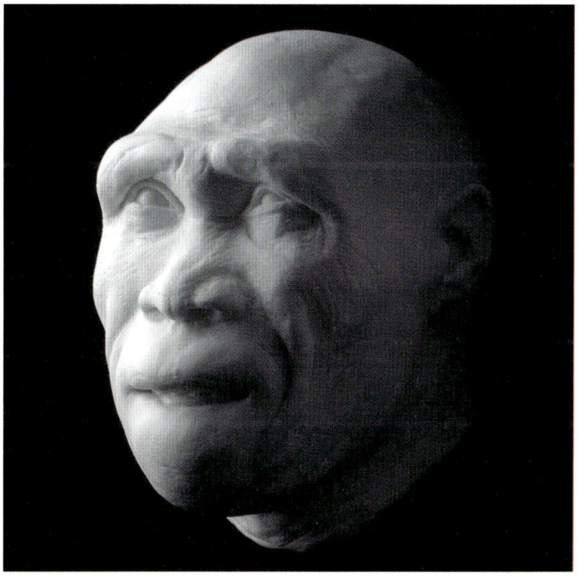

# *HOMO ERGASTER*

Beim Fund dieses Schädels waren nur die Wölbungen der Augenbrauen an der Oberfläche zu sehen – genug für den Finder, um darin einen Urmenschen zu erkennen. Das Fossil bestätigte, dass mehrere Menschenformen zur gleichen Zeit lebten und widerlegte die These von der „einbahnigen" Entwicklung zum *Homo sapiens. Homo ergaster* ernährte sich von pflanzlicher und tierischer Nahrung, stellte die ersten typischen Faustkeile her und war vermutlich die erste Menschenart, die Afrika verließ.

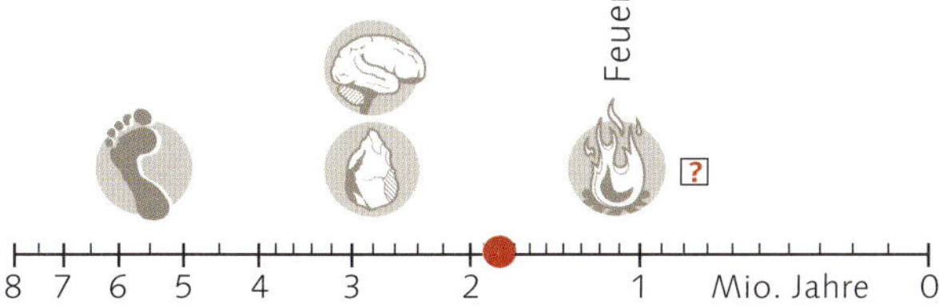

**Fundbezeichnung:** KNM-WT 15000 (KNM-WT = Kenya National Museum, West Turkana), „Turkana Boy"

**Fund:** Schädel und Unterkiefer eines männlichen Jugendlichen und nahezu komplettes Skelett, gefunden am 22. August 1984

**Fundort:** Nariokotome, Kenia

**Geschätzte Größe:** 1,50 m, 50 kg

**Lebte vor:** etwa 1,6 Millionen Jahren

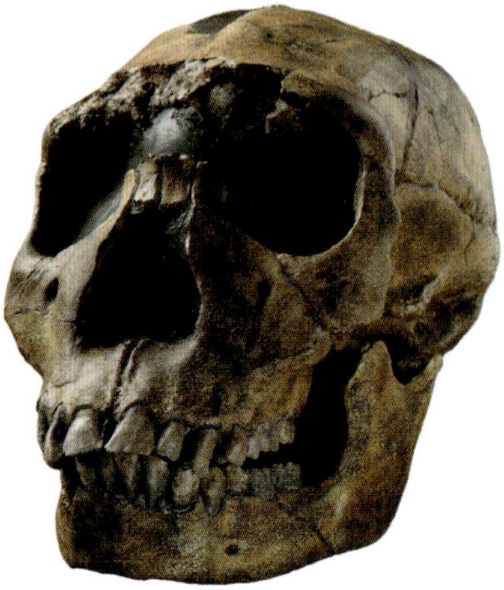

# *HOMO ERGASTER*

Das nahezu vollständig erhaltene Skelett des „Turkana-Jungen" gehört zu den spektakulärsten Funden innerhalb der Paläoanthropologie. Seine Anatomie spricht für einen hochgewachsenen Jugendlichen von zirka 13 bis 15 Jahren. Die berechnete Erwachsenengröße entspricht mit 1,80 m der eines modernen Menschen. Für einen ausgewachsenen *Homo ergaster* wurde ein Hirnvolumen von zirka 909 cm$^3$ ermittelt. Vergleicht man die Gestalt des Schädels und der Zähne, zeigt sich eine enge Beziehung zu den asiatischen *Homo erectus* Funden. Der Turkana-Junge starb offensichtlich am Ufer eines seichten Flussdeltas, wo er von angeschwemmten Sedimenten zugedeckt wurde.

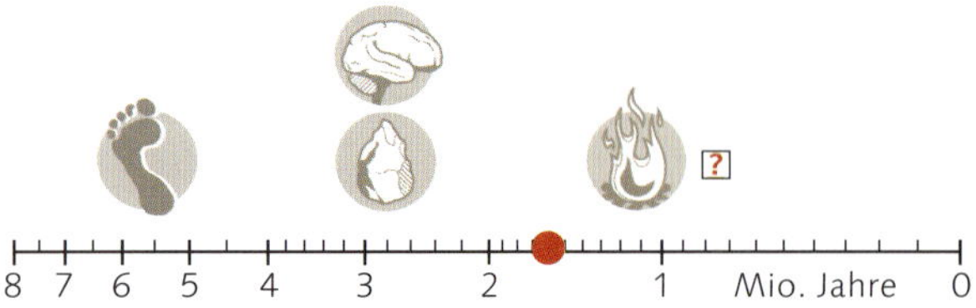

# *HOMO ERECTUS (GEORGICUS)*

*Homo erectus (georgicus)* wurde bei Ausgrabungen einer mittelalterlichen Ruinenstadt im Kaukasus entdeckt. Der vermutlich jugendliche Schädel mit einem Gehirnvolumen von 600 $cm^3$, kleinen Zähnen und zierlichem Körperbau wurde als weibliches Individuum klassifiziert, was allerdings wegen der relativ großen Eckzähne nicht sicher ist. Das Fossil zeigt ein Mosaik aus ursprünglichen (*habilis*-ähnlichen) und abgeleiteten (*erectus*-ähnlichen) Merkmalen, weshalb die Forscher von einer regionalen Zwischenform ausgehen. Die Fossilien von Dmanisi sind die ältesten Menschenfunde außerhalb Afrikas und damit die ersten bisher bekannten Auswanderer.

**Fundbezeichnung:** D 2700 (Schädel), D 2735 (Unterkiefer) (D = Dmanisi)

**Fund:** Schädel und Unterkiefer einer weiblichen Jugendlichen, gefunden am 26. September 2000

**Fundort:** Dmanisi, Georgien

**Geschätzte Größe:** 1,30 m, 30 bis 40 kg

**Lebte vor:** etwa 1,75 Millionen Jahren

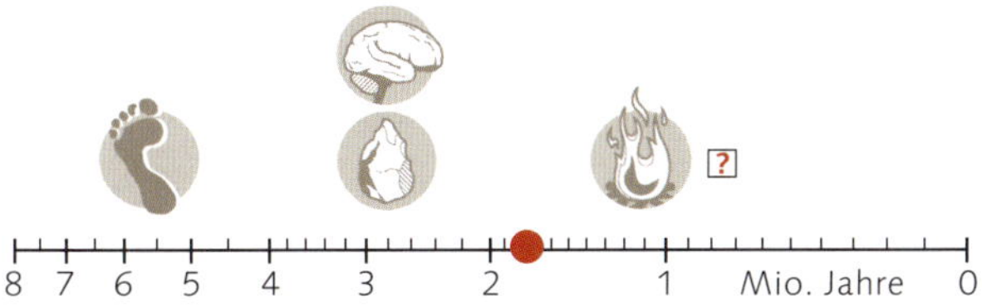

**Fundbezeichnung:** SANGIRAN 17

**Fund:** Schädel eines vermutlich männlichen Erwachsenen, gefunden am 13. September 1969

**Fundort:**
Sangiran, Java, Indonesien

**Geschätzte Größe:** 1,60 m, 50 bis 60 kg

**Lebte vor:** etwa 800.000 Jahren

# *HOMO ERECTUS*

„Sangiran 17" wurde von einem indonesischen Bauern bei der Feldarbeit mit der Hacke freigelegt – leider schlug der Finder dabei ein großes Stück aus dem Fossil heraus, das später aus den gesammelten Fragmenten rekonstruiert werden musste. Der Schädel ist stark mineralisiert und durch Eisenoxid rot verfärbt. Er war das erste asiatische Fossil mit einem Gesichtsschädel und wird aufgrund seiner robusten Erscheinung als männliches Individuum angesehen. Sein Hirnschädel fasste etwa 1000 $cm^3$, was an der Untergrenze der Volumina für *Homo erectus* liegt. Diese Menschenart nutzte als erste nachweislich das Feuer.

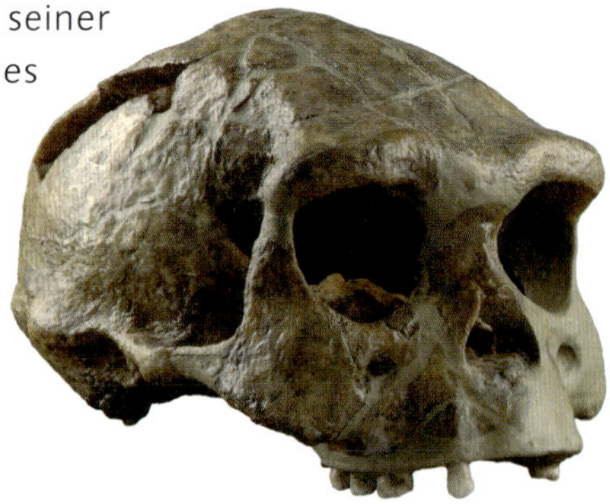

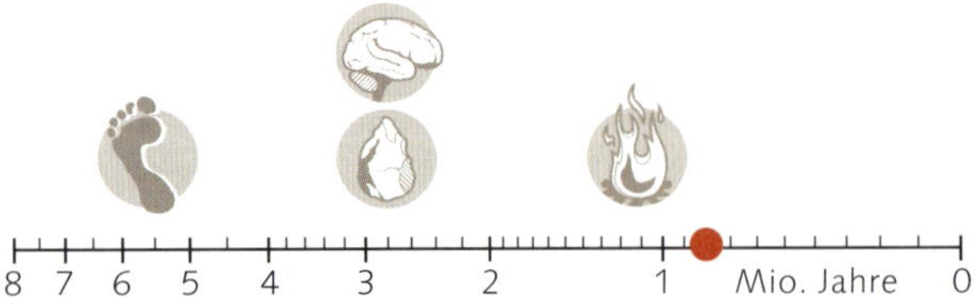

# *HOMO ANTECESSOR*

Die Schädelteile stammen von einem Urmenschen, der in einem Alter von zirka zehn- bis elfeinhalb Jahren verstarb. Das kindliche Individuum weist Kennzeichen von *Homo erectus* und Merkmale des frühen *Homo sapiens* auf. Von den Entdeckern wird es als letzter gemeinsamer Vorfahr von Neandertalern und modernen Menschen gesehen und einer eigenen Art zugeordnet. Andere Forscher zweifeln diese Klassifizierung allerdings an.

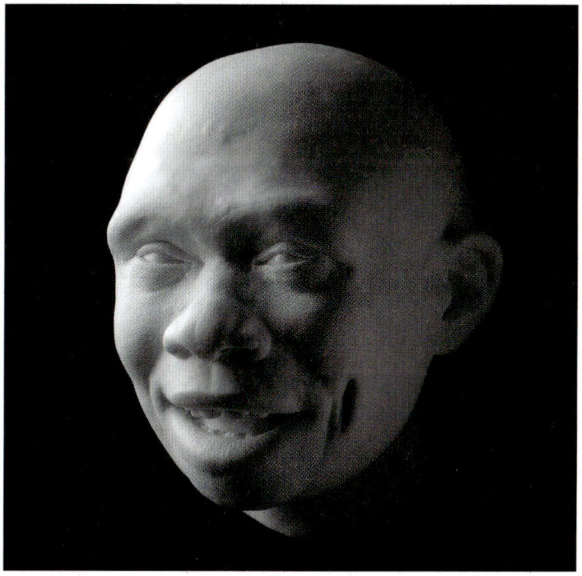

**Fundbezeichnung:** ATD 6-15 Teilschädel, ATD 6-96 Oberkiefer (ATD = Atapuerca Trinchera Dolina)

**Fund:** Teile des Schädels eines Kindes, gefunden im Jahr 1995

**Fundort:** Atapuerca, Gran Dolina Höhle, Spanien

**Geschätzte Größe:** 1,40 m, 30 bis 40 kg

**Lebte vor:** etwa 800.000 Jahren

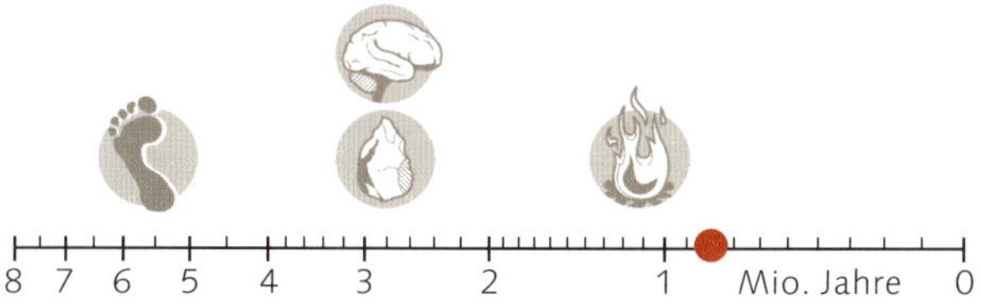

# *HOMO HEIDELBERGENSIS*

„Bodo“ weist starke Ähnlichkeiten mit jüngeren afrikanischen, aber auch asiatischen und europäischen Fossilien auf – und spricht für die Hypothese, dass der moderne Körperbau des Menschen vor etwa 1 Millionen bis 800.000 Jahren in Afrika entstanden sein könnte. Schnittspuren an den Augenhöhlen, dem Überaugenwulst, den Wangenknochen, dem Stirnbein und dem Hinterhaupt deuten darauf hin, dass sein Schädel kurz vor oder kurz nach dem Tode mittels eines Steinwerkzeugs entfleischt wurde – zu welchem Zweck lässt sich anhand des Fundes jedoch nicht rekonstruieren.

**Fundbezeichnung:** BODO, „Bodo“

**Fund:** Schädel eines vermutlich männlichen Erwachsenen, gefunden am 15. und 23. Oktober 1976

**Fundort:** Bodo d'Ar, Äthiopien

**Geschätzte Größe:** 1,75 m, 60 bis 70 kg

**Lebte vor:** etwa 600.000 Jahren

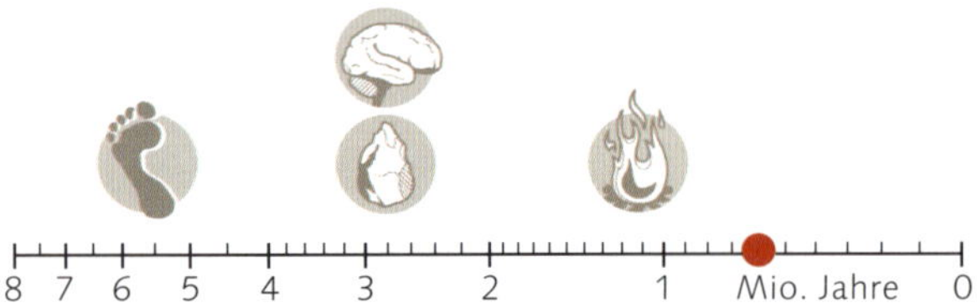

# *HOMO HEIDELBERGENSIS*

Die Funde in der Sierra de Atapuerca zeigen ein frühes Stadium der Evolution hin zum Neandertaler. Da die Fossilien konzentriert an einem Ort entdeckt wurden (32 Individuen allein in der Sima de los Huesos), gingen die Forscher von einer Begräbnisstätte aus. „Miquelón", so der Spitzname von „Atapuerca 5", zeigt klare Kennzeichen des Neandertalers im Gesicht und am Hinterhaupt. Vermutlich verstarb er an einer massiven Entzündung, die eine Deformation des Gesichts verursachte. Die Rekonstruktion wurde bewusst ohne diese krankhaften Veränderungen angefertigt.

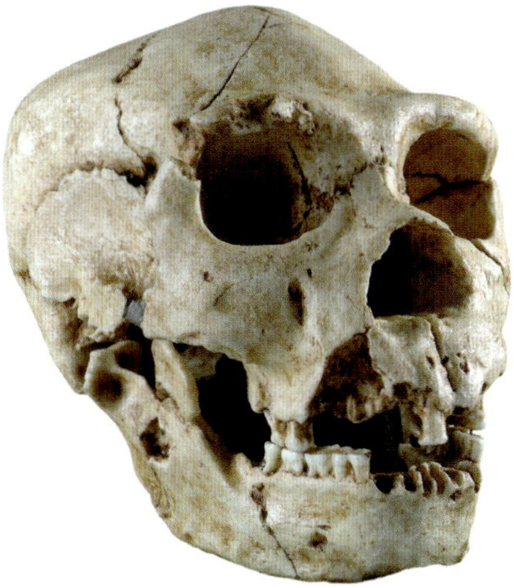

**Fundbezeichnung:** ATAPUERCA 5 Schädel, AT-888 Unterkiefer, (AT = Atapuerca), „Miquelón"

**Fund:** Schädel und Unterkiefer eines vermutlich männlichen Erwachsenen, gefunden im Juli 1993

**Fundort:** Atapuerca, Sima de los Huesos, Spanien

**Geschätzte Größe:** 1,75 m, 60 bis 80 kg

**Lebte vor:**
500.000 bis 350.000 Jahren

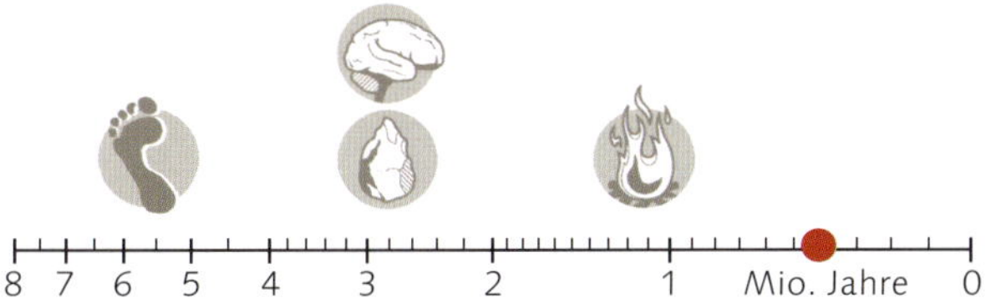

**Fundbezeichnung:** PETRALONA 1

**Fund:** Schädel eines männlichen Erwachsenen, gefunden am 16. September 1960

**Fundort:** Petralona, Griechenland

**Geschätzte Größe:**
1,75 bis 1,80 m, 70 bis 80 kg

**Lebte vor:**
400.000 bis 300.000 Jahren

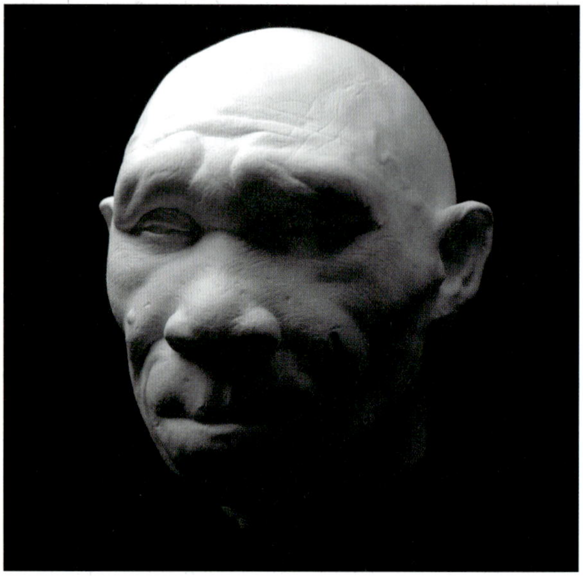

# *HOMO HEIDELBERGENSIS*

Eingebettet in einen aufwachsenden Tropfstein fand man in einer griechischen Höhle nahe Thessaloniki den exzellent erhaltenen Petralona-Schädel. Verwandtschaftlich steht er zwischen Neandertalern und *Homo erectus* und erinnert an Funde aus Spanien, Italien und Frankreich, die aufgrund ihrer Ähnlichkeit als Großgruppe unter dem Artnamen *Homo heidelbergensis* vereint werden. Die Datierung erwies sich als schwierig, doch gehen Experten davon aus, dass der Schädel etwa 400.000 Jahre alt ist.

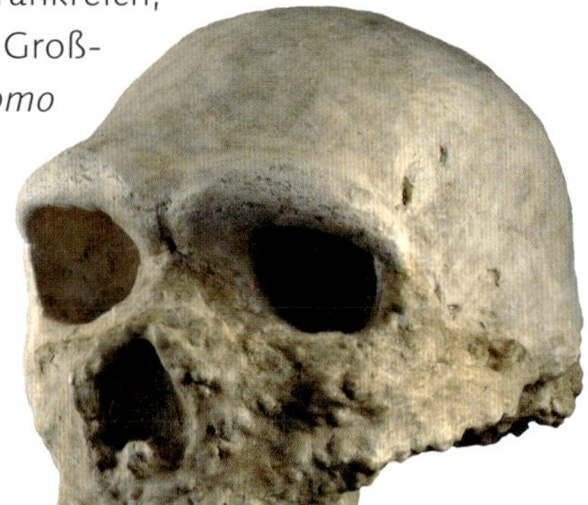

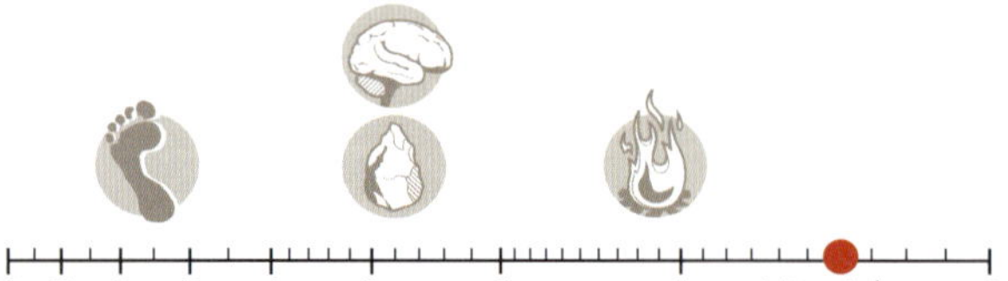

# *HOMO RHODESIENSIS*

Der Schädel des „Rhodesia-Mannes" war der erste Fund eines Urmenschen in Afrika und wird als Teil der Gruppe am Ursprung des modernen Menschen gesehen. Sein Hirnschädel ist weitaus voluminöser als der des *Homo erectus*. Das Fossil zeigt Spuren von Krankheit und Verletzung: Viele Zähne weisen Aushöhlungen durch Abszesse auf, und auf der linken Seite des Schädels ist eine kreisrunde Öffnung zu erkennen, die durch ein scharfes Instrument, den Zahn eines Raubtiers oder eine Infektion verursacht wurde. Die Verletzung war aber nicht tödlich.

**Fundbezeichnung:** BROKEN HILL 1, „Rhodesiaman"

**Fund:** Schädel eines männlichen Erwachsenen, gefunden am 17. Juni 1921

**Fundort:** Kabwe, Sambia

**Geschätzte Größe:** 1,75 m, 60 bis 70 kg

**Lebte vor:** 300.000 bis 125.000 Jahren

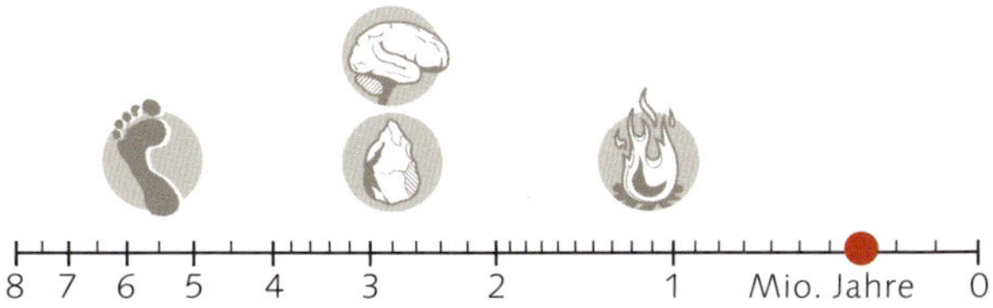

# *HOMO HEIDELBERGENSIS*

Dieser weibliche Schädel ist ein Beispiel für einen Fund, dessen Einordnung in die bestehende Systematik im Übergangsfeld zwischen *erectus*-, *neanderthalensis*- und *sapiens*-Menschen Schwierigkeiten bereitet. Merkmale ursprünglicherer Menschenarten sind mit Kennzeichen des *Homo sapiens* mosaikartig vereint. Inzwischen wird der Fund als Vorläufer der Neandertaler gesehen und *Homo heidelbergensis* zugeordnet. Sein Hirnvolumen von etwa 1100 $cm^3$ liegt an der Untergrenze der Fossilien aus gleicher Zeit.

**Fundbezeichnung:** STEINHEIM, „Steinheimerin“

**Fund:** Schädel einer weiblichen Erwachsenen, gefunden am 24. Juli 1933

**Fundort:** Steinheim, Deutschland

**Geschätzte Größe:** 1,60 m, 50 bis 60 kg

**Lebte vor:** etwa 250.000 Jahren

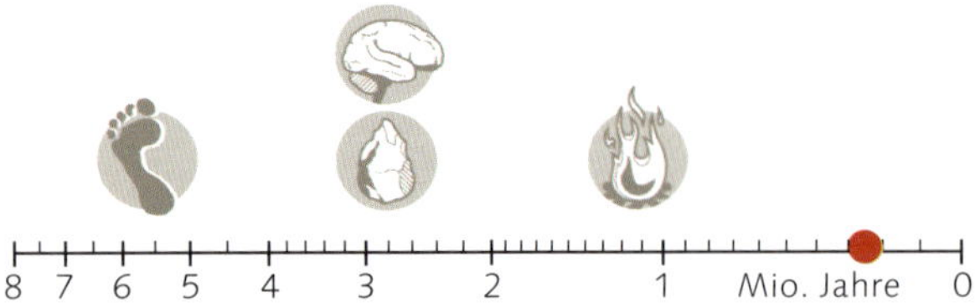

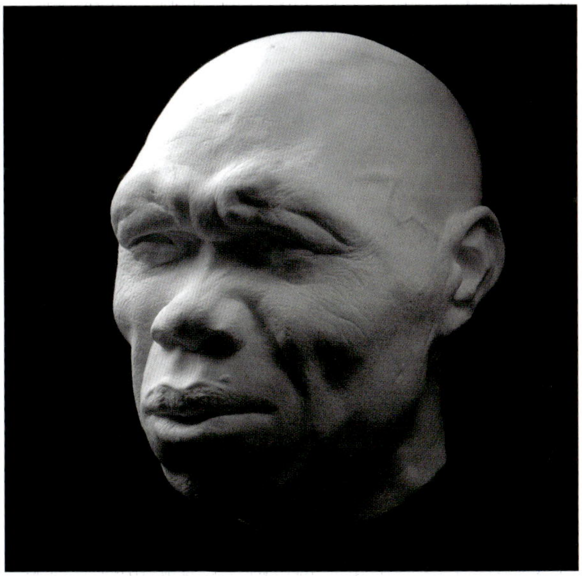

**Fundbezeichnung:** JB 1 (JB = Jebel Irhoud)

**Fund:** Schädel eines vermutlich männlichen Erwachsenen, gefunden im Jahr 1961

**Fundort:** Jebel Irhoud-Höhle, Marokko

**Geschätzte Größe:** 1,60 bis 1,70 m, 60 bis 70 kg

**Lebte vor:** 130.000 bis 90.000 Jahren

# *HOMO SAPIENS*

Der zahnlose Oberschädel von Jebel Irhoud (Marokko) wurde beim Abbau von Baryt gefunden und zeigt neben neandertaliden Merkmalen einen eher ursprünglichen Bau, die das anatomisch-moderne Muster vorausahnen lässt. „JB 1“ wird der so genannten nahöstlichen Gruppe ursprünglicher *Homo sapiens*-Formen zugeordnet. Die Größe des Gehirns wies mit 1305 $cm^3$ bereits die des heutigen Menschen auf. In der Höhle wurden auch archäologische Reste gefunden – Steinwerkzeuge, die denen des Neandertalers ähneln und in Afrika ungewöhnlich sind.

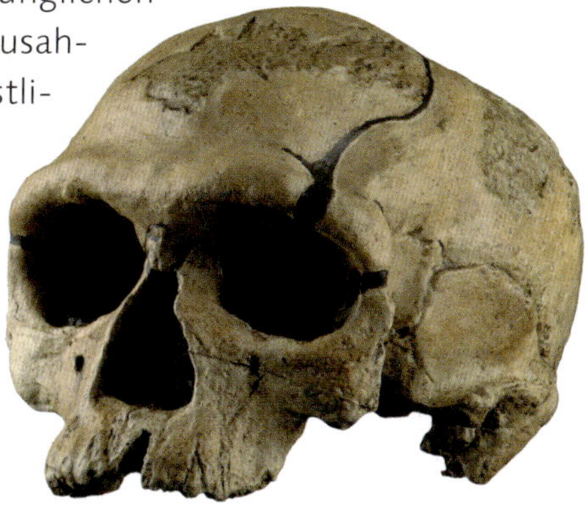

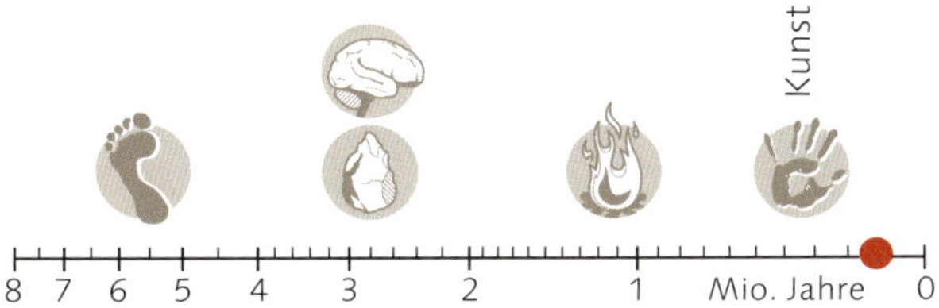

**Fundbezeichnung:** QAFZEH XI

**Fund:** Schädel und Unterkiefer eines Jugendlichen, gefunden im Jahr 1969

**Fundort:** Qafzeh-Höhle, Israel

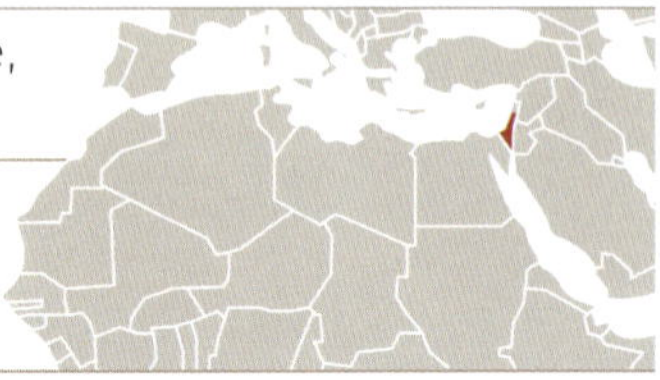

**Geschätzte Größe:** 1,50 bis 1,60 m, 50 bis 60 kg

**Lebte vor:** 100.000 bis 90.000 Jahren

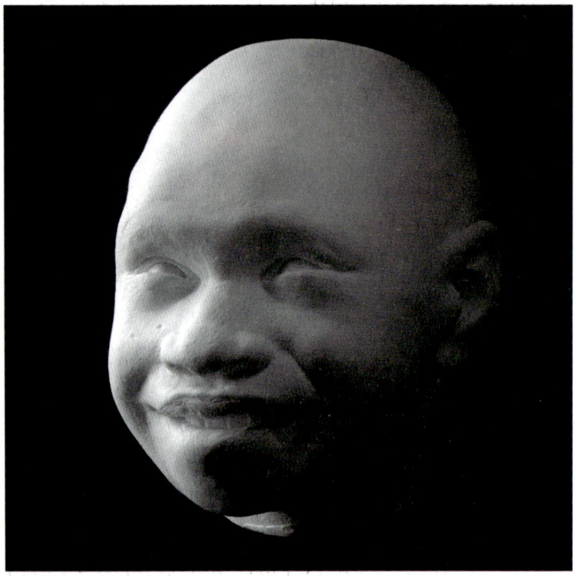

## *HOMO SAPIENS*

Der Schädel dieses zirka 12- bis 14-jährigen Individuums wurde in einer Höhle nahe Nazareth entdeckt. Funde belegen, dass Neandertaler und moderne Menschen gemeinsam in der Region gelebt hatten. Ungewöhnlich für die mittlere Steinzeit sind die Beigaben in den über der Brust verschränkten Armen von „Qafzeh XI". Der Schädel zeigt das typische knöcherne Kinn und die steile Stirn des *Homo sapiens*. Eine Besonderheit sind die sonst nur selten fossil erhaltenen Gehörknöchelchen aus dem Innenohr.

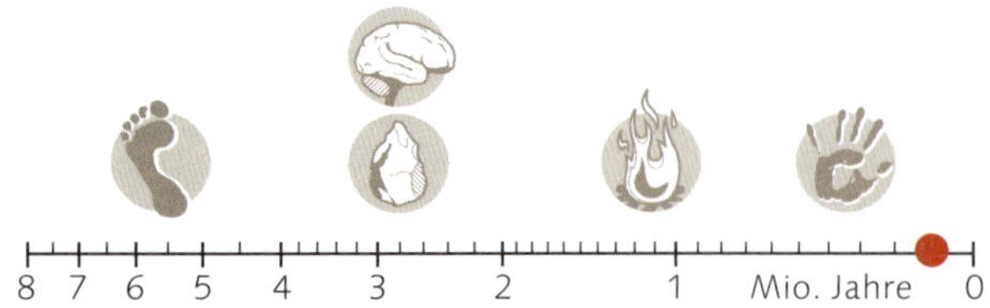

**Fundbezeichnung:** QAFZEH IX

**Fund:** Schädel und Unterkiefer einer jungen weiblichen Erwachsenen und Teile des Skeletts, gefunden im Jahr 1969

**Fundort:** Qafzeh-Höhle, Israel

**Geschätzte Größe:** 1,50 m, 50 bis 60 kg

**Lebte vor:** 100.000 bis 90.000 Jahren

# *HOMO SAPIENS*

Von den 21 in der Qafzeh-Höhle gefundenen Individuen wurden mindestens vier in teilweise sehr flachen Gräbern absichtsvoll bestattet. Dazu gehört auch „Qafzeh IX" – das Skelett einer zirka 20-jährigen Frau und der in viele Teilstücke zerbrochene Schädel. Die Hirnschädelkapazität liegt mit 1554 cm³ weit höher als der Durchschnitt des heutigen *Homo sapiens*. Zu Füßen der Frau war ein Kind, „Qafzeh X", bestattet, eine Verwandtschaft konnte allerdings nicht nachgewiesen werden.

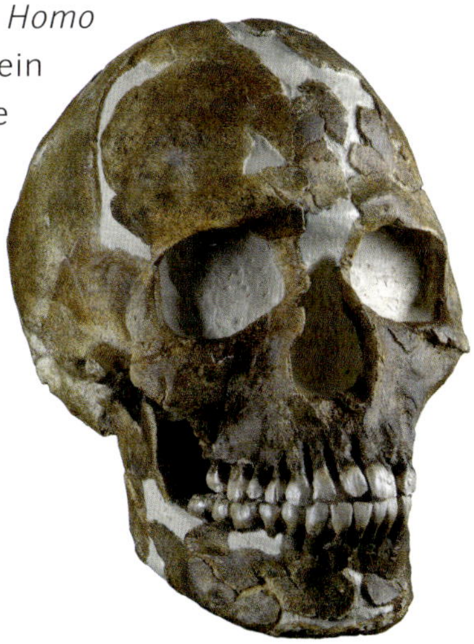

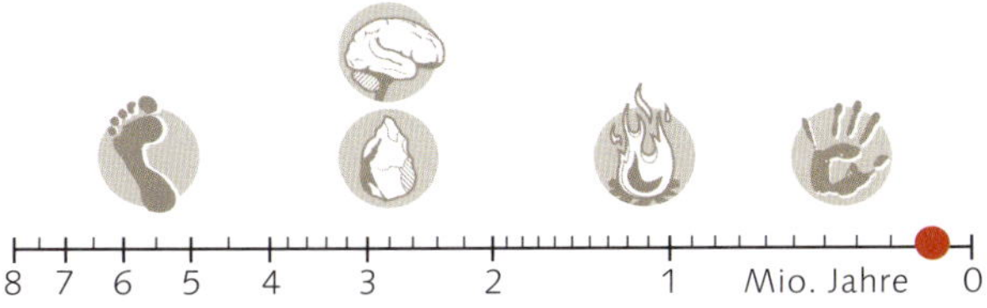

# *HOMO NEANDERTHALENSIS*

Das Kind von Teshik-Tash wurde im Gissar-Gebirge in Usbekistan entdeckt und war ein junger Neandertaler, der sich im Zahnwechsel befand. Er war ungefähr neun Jahre alt, aber deutlich reifer als heutige Neunjährige, was auf eine schnellere Individualentwicklung bei Neandertalern schließen lässt. Hornzapfen von Steinböcken waren um den Schädel des Kindes angeordnet, und eine Feuerstelle zeigt, dass ein Angehöriger eine „Totenwache" gehalten haben könnte.

**Fundbezeichnung:** TESHIK-TASH

**Fund:** Schädel und Unterkiefer eines Kindes und Teile des Skeletts, gefunden am 4. Juli 1938

**Fundort:**
Teshik-Tash, Usbekistan

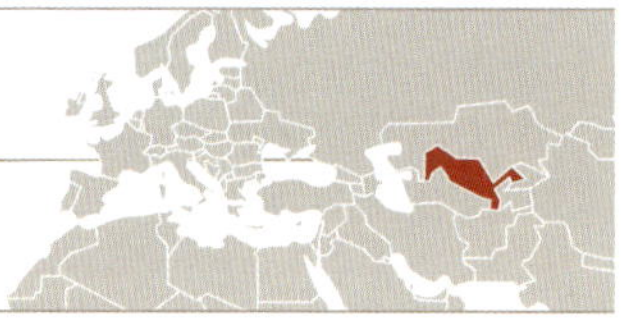

**Geschätzte Größe:**
1,35 m, 30 bis 40 kg

**Lebte vor:** 100.000 bis 70.000 Jahren

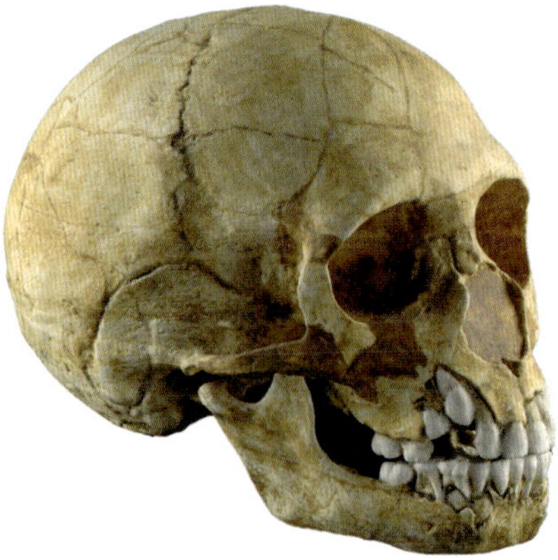

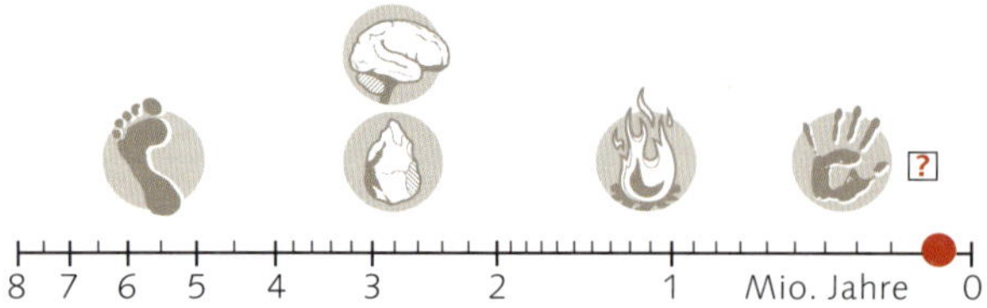

# *HOMO NEANDERTHALENSIS*

Das Skelett dieses Neandertalers weist Anzeichen diverser Krankheiten, wie Zahnbettschwund, Arthritis und zahlreiche Knochenbrüche, auf. Da dies zur Zeit seiner Erstbeschreibung nicht beachtet wurde, kam es zu einer Fehldeutung, die ausschlaggebend für das Bild des Neandertalers als gebeugter, primitiver „Wilder" war. Der „Alte Mann von La Chapelle aux Saints" war erst 40 bis 50 Jahre alt. Für einen Menschen der Eiszeit war dies allerdings bereits ein hohes Alter. Die Gebrechen des Mannes zeigen, dass er ohne die Hilfe seines Clans niemals so lange überlebt hätte.

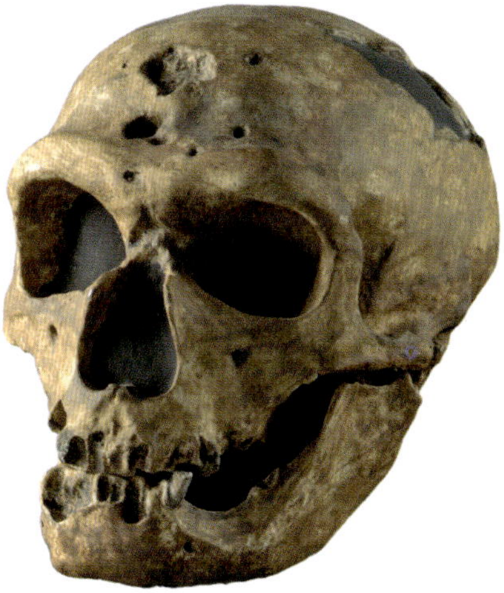

**Fundbezeichnung:** LA CHAPELLE-AUX-SAINTS, „Alter Mann von La Chapelle "

**Fund:** Schädel und Unterkiefer eines männlichen Erwachsenen und Teile des Skeletts, gefunden am 3. August 1908

**Fundort:** La Chapelle-aux-Saints, Frankreich

**Geschätzte Größe:** 1,60 m, 60 bis 80 kg

**Lebte vor:** etwa 56.000 Jahren

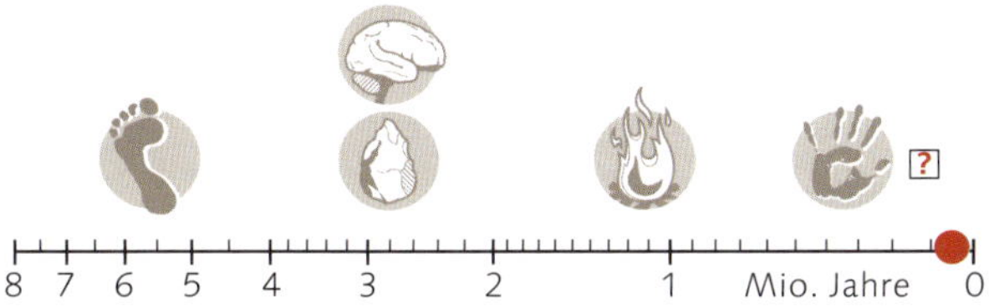

# *HOMO NEANDERTHALENSIS*

In der Guattari-Höhle, 15 m vom Eingang entfernt, in der Mitte eines aus Steinen gebildeten Kreises – dort wurde im Jahr 1939 der verkohlte Schädel von Monte Circeo gefunden. Da die Schädelbasis zerstört war, hielt man ihn lange Zeit für den Rest einer Kannibalenmahlzeit. Die vielen Tierknochen, die in der Höhle verteilt waren, weisen jedoch darauf hin, dass es sich wahrscheinlich um die Behausung von Hyänen handelte.

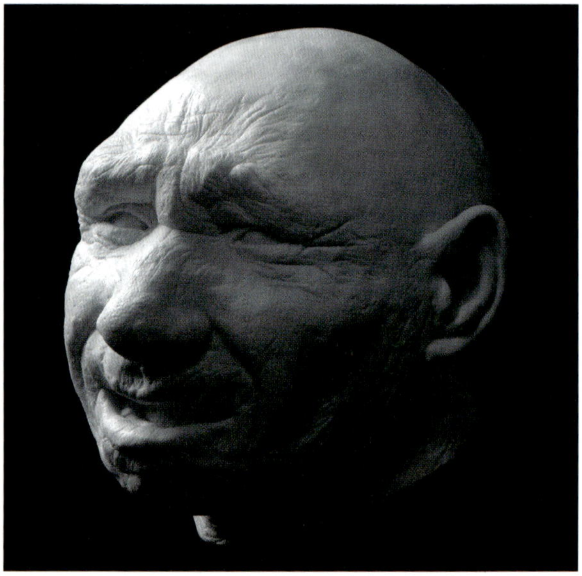

**Fundbezeichnung:** GUATTARI 1

**Fund:** Schädel eines männlichen Erwachsenen, gefunden im Jahr 1939

**Fundort:** Monte Circeo, Guattari Höhle, Italien

**Geschätzte Größe:** 1,60 m, 60 bis 80 kg

**Lebte vor:** 60.000 bis 50.000 Jahren

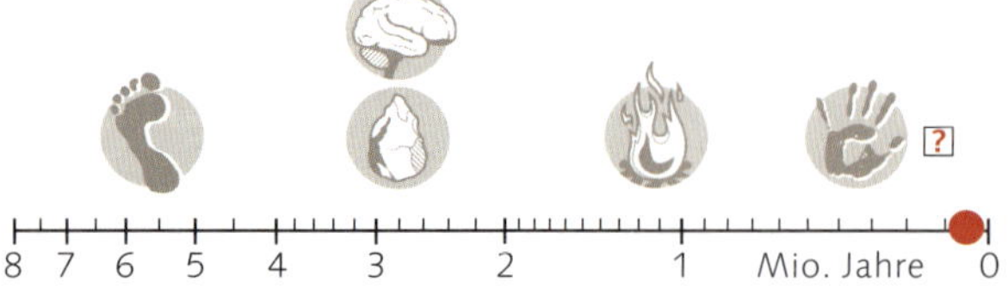

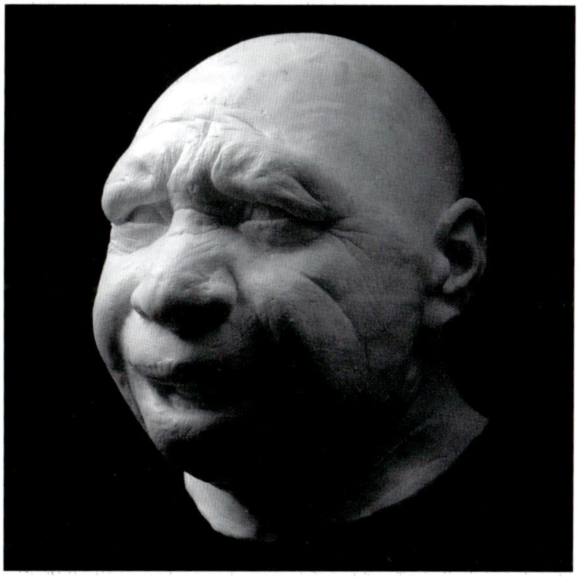

**Fundbezeichnung:** GIBRALTAR 1

**Fund:** Schädel einer weiblichen Erwachsenen, erstmals am 3. März 1848 erwähnt

**Fundort:** Forbes' Quarry, Gibraltar

**Geschätzte Größe:** 1,50 m, 50 bis 70 kg

**Lebte vor:** nicht bestimmt

# *HOMO NEANDERTHALENSIS*

Der Schädel dieser Neandertaler-Frau wurde bereits 1848 entdeckt, also acht Jahre vor dem namensgebenden Fund im Neandertal. Damals wurde er aber noch nicht als fossiler Mensch erkannt. Erst 1863 konnte ihn der Londoner Zoologe George Busk als Neandertaler-Schädel identifizieren. Er weist die typischen Merkmale auf: fliehende Stirn und fliehendes Kinn, auffälliger Augenbrauenwulst, zurückweichende Wangenknochen und eine große Nasenöffnung.

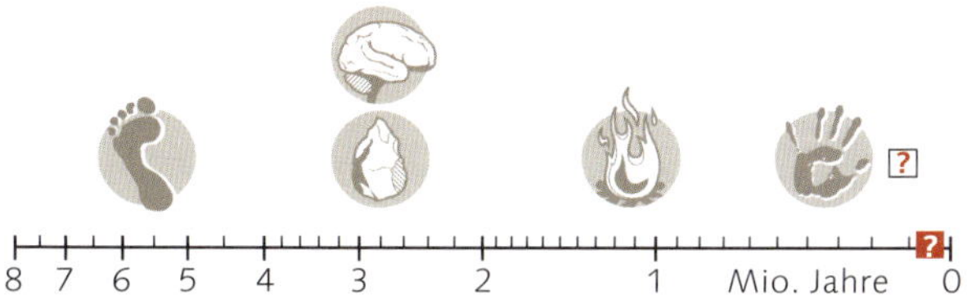

# *HOMO FLORESIENSIS*

Die Annahme, dass *Homo sapiens* seit etwa 30.000 Jahren die einzige Menschenform darstellt, wird seit dem Fund des *Homo floresiensis* 2003 auf der Insel Flores in Frage gestellt. Die Entdecker erklären die Körpergestalt des nur 1 m großen „Hobbit" durch den Prozess der „Inselverzwergung", der sich auch bei Zwerg-Elefanten auf Flores nachweisen lässt. *Homo floresiensis* könnte vom *Homo erectus* abstammen und existierte möglicherweise bis vor rund 13.000 Jahren, also bis in eine Zeit, als der moderne Mensch bereits weltweit verbreitet war.

**Fundbezeichnung:** LB 1 (LB = Liang Bua), "Hobbit"

**Fund:** Schädel und Unterkiefer einer möglicherweise weiblichen Erwachsenen und Teile des Skeletts, gefunden im September 2003

**Fundort:** Liang Bua, Flores, Indonesien

**Geschätzte Größe:** 1 bis 1,10 m, 20 bis 30 kg

**Lebte vor:** etwa 18.000 Jahren

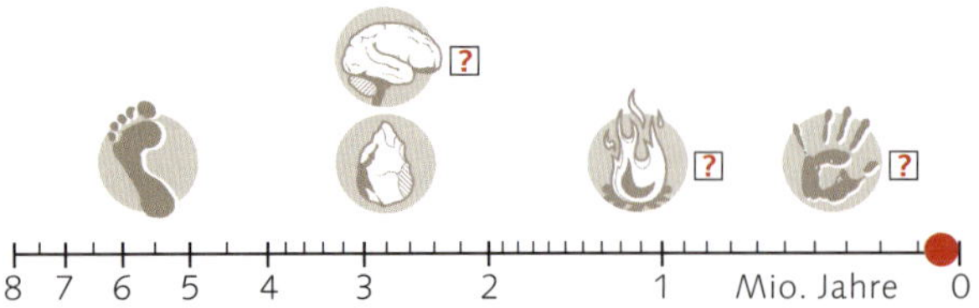

# DAS SAGEN DIE EXPERTEN

**Prof. Dr. Friedemann Schrenk:**

*Das entscheidende an der Ausstellung ist für mich, dass Rekonstruktionen von Individuen gezeigt werden, nicht von Arten bei denen in der Vergangenheit die Variabilität nicht berücksichtigt wurde. Die Paläoanthropologie ist eine historische Wissenschaft – es war niemand damals dabei, und keiner weiß, wie es wirklich war. Es gibt kein Richtig, kein Falsch. Also kann auch die Ausstellung – abhängig von dem Weltbild, in dem wir uns bewegen – nur wahrscheinlich oder unwahrscheinlich sein. Und da das Weltbild sich ändert, ist etwas was, wir heute für wahrscheinlich halten, vielleicht sogar in 20 Jahren unwahrscheinlich.*

*Die Ausstellung will nicht nur wissenschaftliche Ergebnisse präsentieren, die Besucher sollen vielmehr auch erfahren, wie diese gewonnen werden und sie in dem Wissen aufnehmen, dass ihre Interpretation immer auf unserem jeweiligen wissenschaftlichen Weltbild basiert. Und da es um uns selbst geht, spielt auch das kulturelle, das politische und das religiöse Weltbild eine Rolle.*

**Dr. Ottmar Kullmer:**

*Wir arbeiten sehr oft mit virtuellen Methoden. Dabei greifen wir auch auf Daten aus Computertomographien zurück, um genaue Computermodelle wiedergeben und sie vermessen zu können. Dies gilt für Zahnoberflächen, aber auch für die Kiefer- oder Gesichtsform. So wollen wir bei unvollständigen Fossilien auch wissen, wie das eine Gesicht im Verhältnis zu dem anderen aussah, um zu begreifen, ob es die gleiche Art oder zwei vollkommen verschiedene Vormenschen waren. Im Computer lassen sich nicht nur fehlende Teile ersetzten, sondern auch Knochen rekonstruieren, Deformationen herausrechnen und Asymmetrien berücksichtigen. Das ist ein weiterer Aspekt, der in die Richtung einer heutigen Anwendung geht – und zwar in die der praktischen OP-Medizin. Und dies ist auch etwas, was in der Ausstellung zu sehen ist: Einige dieser Kopfmodelle beruhen auf unvollständigen Schädeln, die zunächst mit virtuellen Methoden rekonstruiert wurden, um auf dieser Grundlage ein Kopfmodell herstellen zu können, wie z.B. bei der Steinheimerin.*

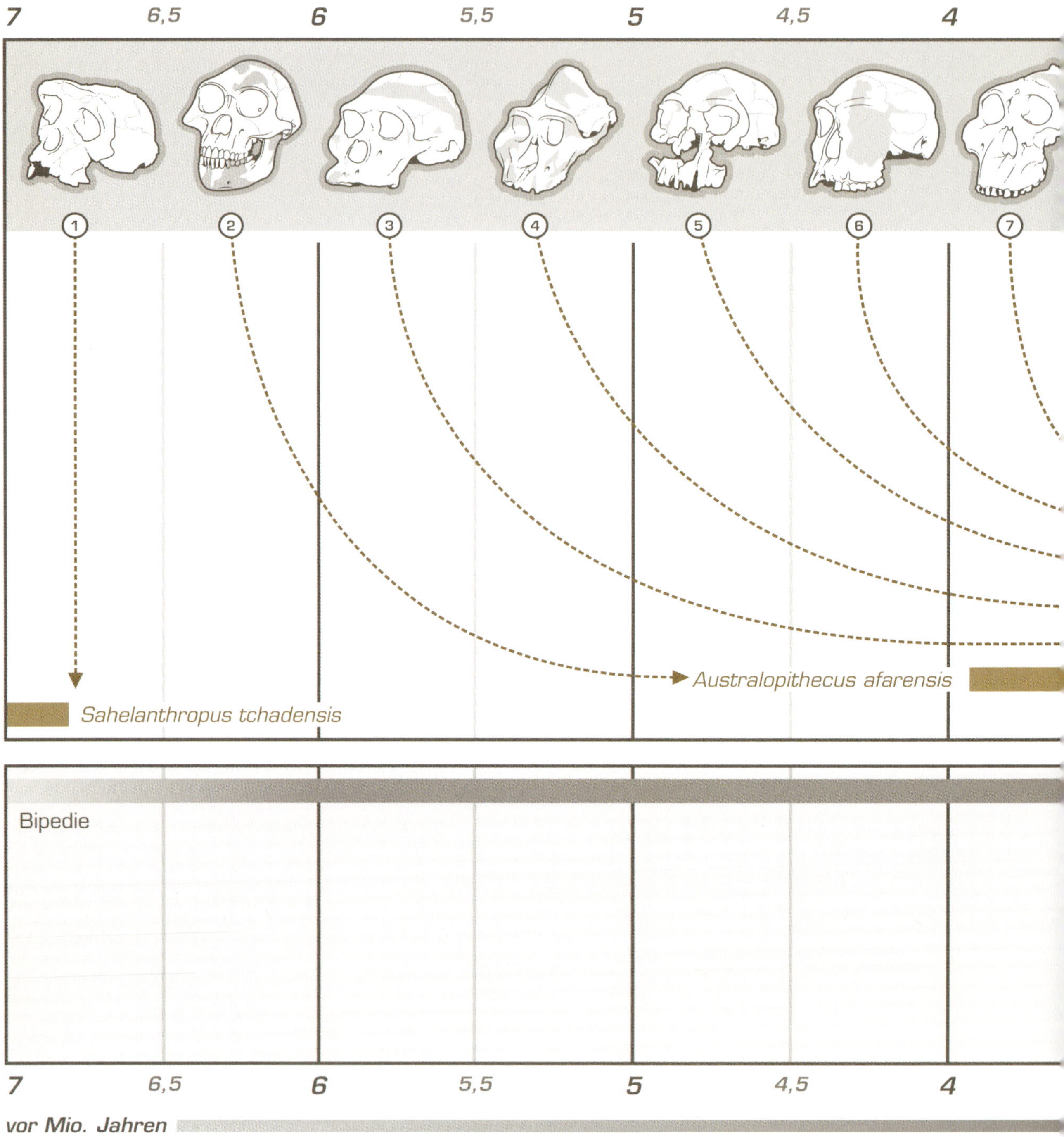

7
6,5
6
5,5
5
4,5
4
1
2
3
4
5
6
7
Australopithecus afarensis
Sahelanthropus tchadensis
Bipedie
vor Mio. Jahren

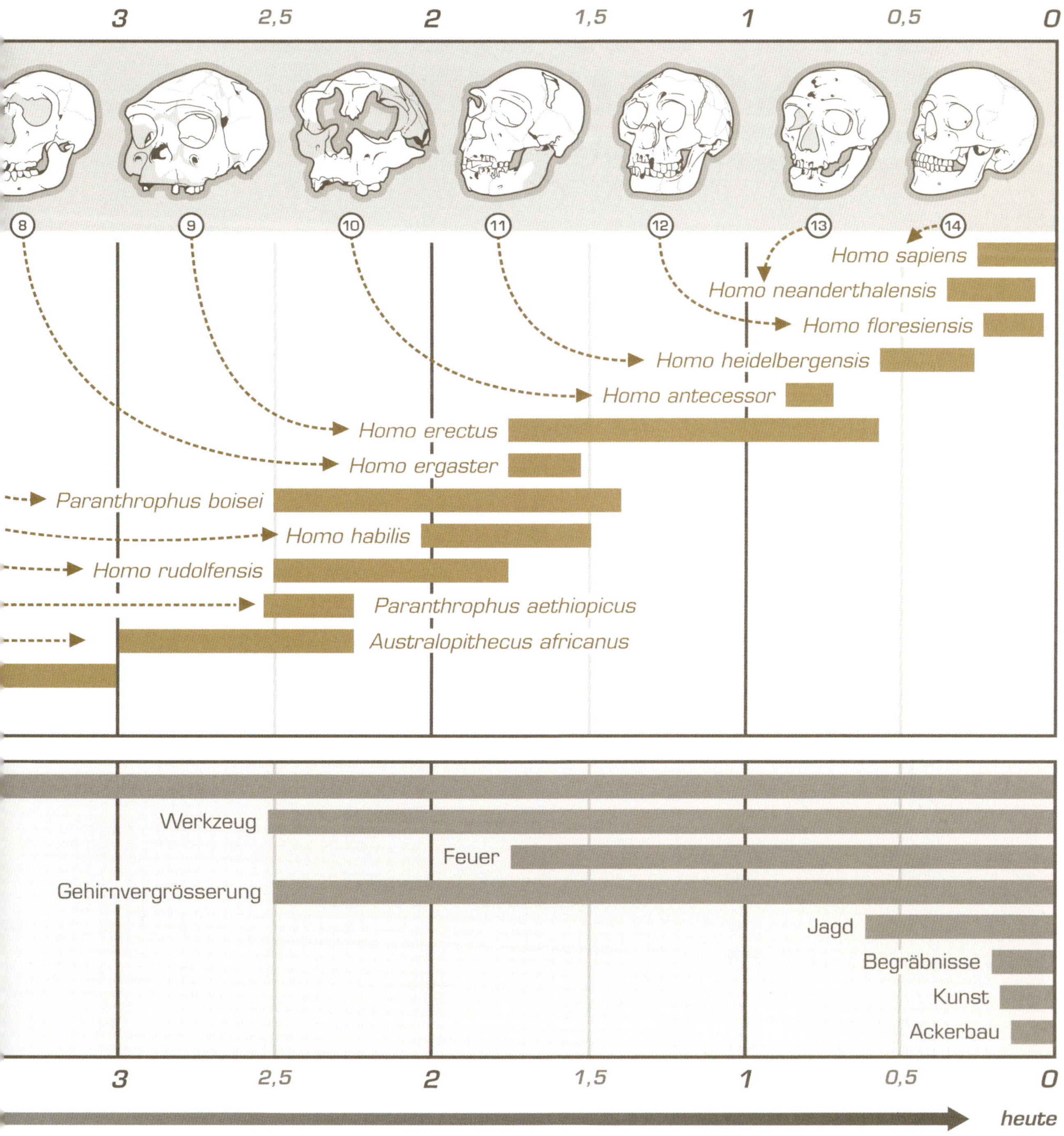

3
2,5
2
1,5
1
0,5
0
8
9
10
11
12
13
14
Homo sapiens
Homo neanderthalensis
Homo floresiensis
Homo heidelbergensis
Homo antecessor
Homo erectus
Homo ergaster
Paranthrophus boisei
Homo habilis
Homo rudolfensis
Paranthrophus aethiopicus
Australopithecus africanus
Werkzeug
Feuer
Gehirnvergrösserung
Jagd
Begräbnisse
Kunst
Ackerbau
3
2,5
2
1,5
1
0,5
0
heute

# VIELFALT DES LEBENS BEI SENCKENBERG

## WEIT MEHR ALS URMENSCHFORSCHUNG

**Senckenberg-Wissenschaftler ergründen die Geschichte der Menschwerdung seit Jahrzehnten, und doch stellt diese Safari zum Urmenschen nur einen kleinen Teil zur Erkundung des Lebens dar. Ein Besuch im Frankfurter Senckenberg Naturmuseum gibt einen guten Überblick über die Vielfalt der Naturforschung.**

Beeindruckend sind vor allem die riesigen Skelette der Saurier, Elefanten und Wale. Zudem vermitteln zahlreiche präparierte Tiere eine Ahnung von der Mannigfaltigkeit des Lebendigen auf der Erde. Und genau dies ist das Hauptthema der Senckenberg-Forschung: die biologische Vielfalt oder Biodiversität.

### Biodiversität, Ökosysteme und das System Erde-Mensch

Dazu bereisen die Wissenschaftler die Weltmeere, durchstreifen Urwälder und frösteln in der Arktis. Sie durchkämmen aber auch den heimischen Boden auf der Suche nach Insekten und Würmern oder durchwaten die Flüsse der Region. Dabei geht es nicht nur darum, neue Tiere und Pflanzen zu finden und zu beschreiben. Die Senckenberg-Forscher wollen auch begreifen, warum Arten entstehen, sich weiter entwickeln oder wieder verschwinden und welche Funktionen sie in den Ökosystemen einnehmen.

Von mangelnder Aktualität keine Spur: Denn bis zu 100 Lebensformen sterben täglich durch menschliche Aktivität aus, und die Folgen für das Ganze – das Ökosystem – sind nicht abzusehen. Dabei ist auch die menschliche Art buchstäblich auf Gedeih und Verderb von einer „funktionierenden" Umwelt abhängig: Schließlich benötigen wir zum Überleben saubere Luft, reines Wasser sowie tierische, pflanzliche und mineralische Erzeugnisse. Die Senckenberg-Forschung hat sich daher ganz der Erkundung der

Biodiversität und Ökosysteme und auch des Systems Erde-Mensch verschrieben.

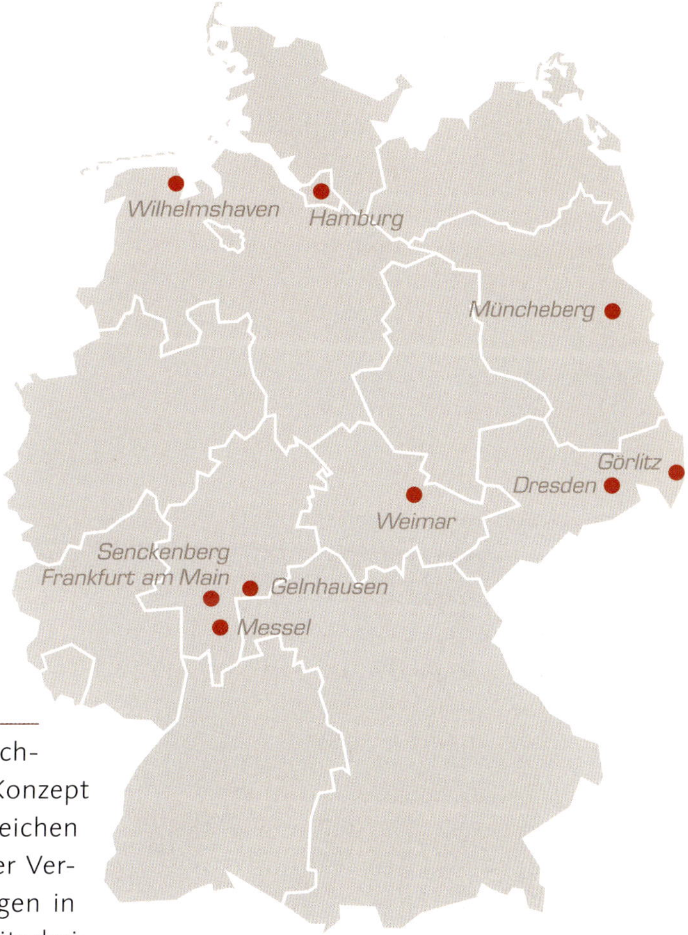


Standorte der Senckenberg Forschungsinstitute

## Das Senckenberg-Konzept: Vernetzung

Dafür hat die Gesellschaft ein in Deutschland und in dieser Form einmaliges Konzept entwickelt: die Vernetzung von zahlreichen Forschungsmuseen und Instituten. Der Verbund umfasst inzwischen Einrichtungen in sechs Bundesländern mit über 700 Mitarbeitern. Zur Senckenberg Gesellschaft für Naturforschung gehört das Museum für Naturkunde Görlitz, das bekannt ist für herausragende Forschung in der Zoologie und einen Schwerpunkt auf die Lebewesen des Bodens legt. Eine bereits über 80-jährige Geschichte weist „Senckenberg am Meer" auf, die Forschungsstelle in Wilhelmshaven. Hier wird vor allem an den Lebensformen und Sedimenten im Meer geforscht und hat auch das Forschungsschiff „Senckenberg" seinen Heimathafen.

Die Außenstelle Gelnhausen wiederum widmet sich der Gewässerökologie und der Naturschutzforschung, und in Weimar liegt der Forschungsschwerpunkt auf den Lebensformen der jüngeren Erdgeschichte. Dresden kann sogar gleich mit zwei Häusern aufwarten: den Museen für Tierkunde und für Mineralogie und Geologie. Das Deutsche Entomologische Institut in Müncheberg besitzt eine große Sammlung von Insekten sowie eine sehr umfangreiche Fachbibliothek. Und besonders bekannt ist schließlich die Grube Messel, die mit einer eigenen Forschungsstation ebenfalls dem Senckenberg-Verbund angeschlossen ist – das UNESCO-Weltnaturerbe ist weltweit berühmt für seine phantastisch erhaltenen Fossilien.

**Senckenberg foscht weltweit:**
z.B. in der Nordsee mit dem Forschungsschiff Senckenberg …

## Spitzenforschung unter Wolkenkratzern

In Frankfurt am Main laufen die Fäden der Senckenberg-Einrichtungen zusammen. Die Wissenschaftler untersuchen dort neben praktisch allen Arten von Erd- und Meeresbewohnern auch wichtige ökologische Fragestellungen. Hinzu kommen umfangreiche Forschungsarbeiten in der Geologie und noch mehr in der Paläontologie, der Wissenschaft ausgestorbener Lebensformen mit dem Nebenzweig der Paläoanthropologie.

Seit 2008 gibt es in Frankfurt außerdem das „Biodiversität und Klima Forschungszentrum" (BiK-F), das gemeinsam von Senckenberg und der Goethe-Universität geleitet wird und sich den Wechselwirkungen zwischen Biodiversität und Klima widmet. Das BiK-F wird vom Land Hessen im Rahmen der Landes-Offensive zur Entwicklung Wissenschaftlich-ökonomischer Exzellenz (LOEWE) gefördert.

… in den Tropen
Mittelamerikas …

## Von unschätzbarem Wert: die Sammlungen

Ein Forschungsmuseum hat nicht nur die Aufgabe, Forschung zu betreiben und Ergebnisse in den Ausstellungen möglichst lebhaft und interessant darzustellen. Eine enorme Bedeutung haben die Forschungssammlungen. Für viele Forschungsprojekte stellt die Arbeit an Sammlungen ein unersetzliches Fundament dar. Diese umfassen etwa 35 Millionen Objekte, die vor allem aus präparierten Tieren, Pflanzen, Fossilien und Gesteinen bestehen. Die Stücke werden in zunehmendem Maße digitalisiert. Dies erleichtert den weltweiten Zugang zu den wissenschaftlichen Schätzen der Senckenberg-Museen.

… bis in entlegene Gebiete
der arktischen Meere.

## Weltklasse in Deutschland

Als Mitglied des Gottfried Wilhelm Leibniz e.V. (kurz „Leibniz-Gemeinschaft"), dem bundesweit 86 forschende Einrichtungen aller Wissenschaftsbereiche angehören, hat Senckenberg schließlich den Anspruch, exzellente Forschung von gesellschaftlicher Bedeutung zu betreiben. Die Leibniz-Institute werden aus Mitteln des Bundes und der Länder finanziert. Und das zahlt sich aus: Denn dank der beschriebenen Strukturen und zusätzlicher wichtiger privater Spenden ist es der Senckenberg-Gesellschaft möglich, Naturforschung von Weltklasse in Deutschland zu etablieren.

**Förderer**

**Flughafen Frankfurt/Main für die Region**
**Hertie-Stiftung**
**International Women's Club Frankfurt**
**Schack-Stiftung**
**Senckenberg-Friends**
**Erika und Walter Datz-Stiftung**
**Breuckmann GmbH**

**Impressum**

**Herausgeber** Prof. Dr. Dr. h.c. Volker Mosbrugger, Senckenberg Gesellschaft für Naturforschung, Senckenberganlage 25, 60325 Frankfurt am Main

**Autoren** Dr. Thorolf Hardt, Dr. Bernd Herkner, Ulrike Menz;
mit Beiträgen von: Prof. Dr. Friedemann Schrenk, Dr. Ottmar Kullmer, Dr. Sören Dürr, Marie Rahn.
Alle Autoren sind Mitarbeiter des Senckenberg Forschungsinstituts und Naturmuseums

**Lektorat** Thomas Hammann, Bad Nauheim; Willem Warnecke, Frankfurt am Main

**Illustrationen** Bastian Groscurth, Frankfurt am Main

**Gestaltung** Wolfram Strohbach, Hofheim am Taunus

**Fotos** Seite 11 oben, 15, 21 und 26: © Stephan Schön, Sächsische Zeitung, Dresden (2006)
Seite 35: © Andrea Stadlmayr
Seite 102 unten: Hilde Jensen, © Universität Tübingen
Seite 107 und 109: Heike Engel, © 21Lux.nl
Seite 143 unten: © Armin Rose
Alle anderen Fotos Sven Tränkner © Senckenberg oder Privatfotos von Mitarbeitern des Senckenberg Forschungsinstituts

**Druck** Druckerei und Verlag Otto Lembeck, Frankfurt am Main

**Vertriebsverlag** E. Schweizerbart'sche Verlagsbuchhandlung (Nägele u. Obermiller) Stuttgart
www.schweizerbart.de, E-Mail: mail@schweizerbart.de

www.senckenberg.de

ISBN 978-3-510-61395-3

Bibliografische Informationen Der Deutschen Bibliothek
Die Deutsche Bibliothek verzeichnet diese Publikation in der Deutschen Nationalbibliografie; detaillierte bibliografische Daten sind im Internet über http://dnb.ddb.de abrufbar.